普通高等教育"十三五"规划教材

石油化工产业链实物仿真实践系列教材

油气钻采实物仿真实践指南

王 璐　王卫强　黄东维　陈　宁　张秋实　主编

中国石化出版社

内 容 提 要

本书是针对高等院校石油工程专业生产实习中面临的实际问题,为在所开发与建立的石油钻采实物仿真实践平台上完成实习实践教学任务而编写的教材。突出工程教育特色,将虚拟仿真与真实装置有机结合,提供与生产现场一致的训练环境,以工厂化对象为背景、石油钻采过程为依托、数字化高度仿真为核心、职业化规范操作为标准,以期提升学生工程能力和实践教学水平,为探索高等院校石油工程及相关专业的实习实践新模式提供借鉴和参考。

本书主要介绍了钻井、采油、修井、HSE的实训流程,基本内容包括:钻机仿真实训系统、井控仿真实训系统、压井模拟、抽油机仿真实训系统、多相管流仿真实训系统、修井工具、修井机仿真实训、油气钻采的HSE项目等。

本书可作为高等院校石油工程及相关专业师生的教学用书,也可供石油工程行业的技术人员培训使用。

图书在版编目(CIP)数据

油气钻采实物仿真实践指南/王璐等主编.—北京:
中国石化出版社,2016.11
ISBN 978-7-5114-4358-8

Ⅰ.①油… Ⅱ.①王… Ⅲ.①油气钻井-高等学校-教材②石油开采-高等学校-教材 Ⅳ.①TE2②TE35

中国版本图书馆 CIP 数据核字(2016)第 281156 号

未经本社书面授权,本书任何部分不得被复制、抄袭,或者以任何形式或任何方式传播。版权所有,侵权必究。

中国石化出版社出版发行
地址:北京市朝阳区吉市口路9号
邮编:100020 电话:(010)59964500
发行部电话:(010)59964526
http://www.sinopec-press.com
E-mail:press@sinopec.com
北京柏力行彩印有限公司印刷
全国各地新华书店经销

*

787×1092 毫米 16 开本 15 印张 245 千字
2016 年 11 月第 1 版 2016 年 11 月第 1 次印刷
定价:38.00 元

《石油化工产业链实物仿真实践系列教材》编委会

顾　　问：徐承恩　胡永康

主　　任：孙小平

副 主 任：张志东　李天书　钱新华

主　　审：石振东　吴　明

编　　委：（按姓氏笔画排序）

马贵阳　王卫强　王海彦　尤成宏　尹成江

卢正雄　冯锡炜　刘　升　刘跃文　孙文志

李会鹏　李国友　赵丽洲　赵宝红　贾　蔚

徐茂庆　郭文奇　郭野愚　黄　玮　曹江涛

序

  实践教学是高等教育教学体系的重要组成部分，是培养学生实践能力、创新创业精神的有效途径；是进一步巩固学生对所学专业知识、掌握专业技能、基本操作程序的必要环节；是培养学生理论联系实际、综合运用所学知识解决实际问题能力的重要手段。在高等教育由精英教育向大众化教育转变的大背景下，只有不断加强实践教学，才能推动创新教育，培养创新人才，确保高等教育教学人才培养质量。

  随着我国石油化工产业的快速发展，对石油化工行业人才的培养规格提出了更高的要求，毕业生不但要具有扎实的理论知识，更要具有较强的动手能力和实际操作经验，能够提前熟悉石油化工行业各岗位的工作职责。辽宁石油化工大学于2012年10月，在校企共建大学生实践教育基地研讨会上，提出了"基于石油化工全产业链的实物仿真工程实践平台"建设思路，并组织相关教学单位进行广泛调研，同时聘请石油化工企业专家，详细论证其可行性，共同拟定建设方案。选择了以油气钻采、油气集输、石油加工、石油化工、精细化工等典型生产工艺过程为基础，构建了以工程集群化技术为特征，具有系统化、模块化、工程化特色的实践教育基地。基地的每个平台既相对独立，又自成体系，并且平台间相互衔接，保证充分体现石油化工产业链的全貌。

  实践教育基地以石油化工主干专业链为依托，以多学科交叉、多专业共享、多功能集成、多手段教学为特征，完整实现了石油化工产业链一体化的教学过程。解决不同专业学生实习需求。建设过程中充分体现了"虚实结合、能实不虚"的建设理念，主要静设备可展示内部结构，动设备可进行拆卸组装。实现生产过程的稳态运行、开停工、方案优化、故障处理等功能。实现了"专业链与产业链、课程内容与职业标准、教学过程与生产过程全面对接"。确保实践教育基地在学生培养中发挥其独特的作用，使实践教学逐步由实验向实训转变，虚拟向现实转变，设计向制作转变，传统向创新转变，为高等教育应用型转型提供必要支撑。

  为了使学生实训和企业员工培训能够更好地了解实践教育基地各平台的功能、训练过程及具体要求，我们组织编写了《石油化工产业链实物仿真实践系列教材》，包括：《油气钻采实物仿真实践指南》《油气集输实物仿真实践指南》《石油加工实物仿真实践指南》《石油化工实物仿真实践指南》《精细化工实物仿真实践指南》《化工产品智能物流实物仿真实践指南》《化工安全实物仿真实践指南》《石油化工产业链实物仿真实践指南》。

在编写教材过程中，校企双方共同参与讨论实习项目和内容的设定，知识点、专业术语表述等。同时，为了全面介绍石油化工产业链发展的新技术、新工艺，我们成立了系列教材编委会，由编委会指导各教材编写组的工作，全面把握教材的知识面和深度。

系列教材的特点：

1. 针对性强，注重学以致用。每部教材都是以平台为依托，内容具体，主线清晰。主要介绍平台的设备或装置的内部结构、功能及原理、工艺流程及操作过程。

2. 突出石油化工安全理念。石油化工行业属于高危行业，化工安全尤为重要，在教材中注重强化了学生的安全意识培养，单独把石油化工安全知识编入教材中。

3. 按课程内容与职业标准对接组织教材结构。实践教学与理论教学在内容组织上有很大区别，编写过程中注重教材内容与职业标准的对接，以职业标准为依托，专业知识够用为度，突出技能训练。

4. 强化应用能力培养。在实践能力训练上，我们参考了石油化工行业的职业标准和行业操作规范，力求以石油化工企业现场的实际操作过程组织教学。

5. 本系列教材即可作为专业学生和非本专业学生实习实训教材，也可作为企业员工培训教材。

在本系列教材的编写过程中，得到了中国石化出版社的大力支持，在此表示感谢。

由于时间仓促，加之编者水平有限，书中难免有不妥之处，恳请读者批评指正。

丛书编委会

前　言

本书是《石油化工产业链实物仿真实践系列教材》中的《油气钻采实物仿真实践指南》分册。

生产实习是石油类专业实践教学中不可或缺的重要环节。为丰富多元化生产实习模式和针对油气钻采企业在接受生产实习中存在着的实际困难，以培养学生工程实践能力、动手能力和创新意识为目标，基于校企合作理念，辽宁石油化工大学与中国石油辽河油田分公司、中国石油长城钻探工程公司、宝鸡市国云石油设备有限责任公司等合作开发和建设了油气钻采实物仿真实践平台。

油气钻采实物仿真实践平台由油气藏仿真装置、钻机仿真装置、修井机仿真装置、抽油机装置、多相流仿真装置等五部分构成。其具有工厂化对象背景、现场化真实操作、数字化高度仿真、开放性故障设置、安全性理念体现等特点。油气钻采实物仿真实践平台以油田真实生产装置为原型，内部用水和空气模拟油气介质，完整体现工业化装置的工艺流程，无污染，维护成本低。本平台在保持工业级大尺寸特征的前提下按照比例缩小，可展示钻采设备组成、结构和工作原理，使学生能够观察井筒及地面管线内流体的流型变化情况，定性、定量分析流型变化规律与影响因素，模拟钻井、修井、井控、采油等油气钻采操作。

为更好地利用和使用油气钻采实物仿真实践平台，在校内讲义的基础上，编写了本实践指南。书中详细介绍了油气钻采实物仿真平台的功能和特点、安全生产与环境保护、钻井、修井和采油主要设备原理和使用说明、油田生产操作规程、虚拟仿真系统及操作、事故处理预案等相关知识。通过完整的油气钻采安全生产、工艺流程、设备及仪表、DCS仿真操作、事故处理等过程的实践教学环节，培养学生的工程能力、创新意识以及分析和解决复杂工程问题的能力。

本书适用于石油工程、油气储运工程、过程装备与控制工程、自动化等石油相关专业的实习实践，也可作为油气钻采等行业人员培训使用。

本书由辽宁石油化工大学王璐、王卫强、张秋实和中国石油辽河油田分公司黄东维、中国石油长城钻探工程公司陈宁共同编写完成。

本书共分为八章，其中各章分工为：第一、第二、第三章由王璐、张秋实和陈宁编写，第四、第五章由王璐、王卫强和黄东维编写，第六、第七章由王卫强和陈宁编写，第八章由王卫强和黄东维编写。全书由王璐修改定稿。本书编写过程中得到了辽宁石油化工大学教务处、工程训练中心和石油天然气工程学院老师及行业企业专家的帮助，在此表示衷心感谢。

限于编者水平，书中的疏漏及错误在所难免，敬请相关老师和读者批评指正。

编　者

目 录

第一部分 钻井模块

第一章 钻机仿真实训系统 (3)
第一节 钻机的组成及工作原理 (3)
一、起升系统 (4)
二、旋转系统 (5)
三、循环系统 (6)
四、传动系统设备 (6)
五、控制系统和监测显示仪表 (6)
六、动力驱动系统设备 (6)
七、钻机底座 (7)
八、钻机辅助设备系统 (7)
第二节 钻机安装 (7)
一、井架的安装 (7)
二、井架起升 (8)
第三节 架载荷测试 (8)
一、井架极限测试原因 (8)
二、井架极限测试结果 (8)
第四节 钻井司钻控制平台操作 (9)
一、实训目的 (9)
二、钻井司钻控制台功用 (9)
第五节 泥浆泵测试 (9)
一、泥浆泵作用与特点 (9)
二、使用操作特别注意事项 (10)
第六节 钻井测试 (10)
一、钻井实训操作步骤 (10)
二、钻井实训操作方法 (11)

三、载荷测试操作方法 …………………………………………（12）
　第七节　其他实训操作 ……………………………………………（12）
　　一、绳索结扣 ……………………………………………………（12）
　　二、使用压杆式黄油枪 …………………………………………（12）
　　三、检查钻杆 ……………………………………………………（13）
　　四、保养安全卡瓦 ………………………………………………（13）
　　五、钻进、接单根操作刹把 ……………………………………（13）
　　六、操作液压大钳 ………………………………………………（14）
　　七、交叉法穿大绳 ………………………………………………（14）
　　八、检查保养转盘 ………………………………………………（15）

第二章　井控仿真实训系统 …………………………………………（16）
　第一节　井控设备的组成及工作原理 ……………………………（16）
　　一、防喷器 ………………………………………………………（17）
　　二、节流管汇 ……………………………………………………（20）
　　三、压井管汇 ……………………………………………………（21）
　　四、防喷管汇、放喷管线 ………………………………………（21）
　　五、钻具内防喷工具 ……………………………………………（21）
　第二节　井控设备的实训 …………………………………………（22）
　　一、破裂压力测试 ………………………………………………（22）
　　二、防喷器试压 …………………………………………………（24）
　　三、dc 指数压力检测 …………………………………………（26）
　第三节　钻井及井控实训 …………………………………………（26）
　　一、正常钻进接单根训练 ………………………………………（26）
　　二、正常钻进井控训练 …………………………………………（29）
　　三、正常起下钻训练 ……………………………………………（33）
　　四、起下钻井控训练 ……………………………………………（35）
　　五、起下钻铤井控训练 …………………………………………（40）
　　六、空井井控训练 ………………………………………………（42）
　　七、顶驱正常钻进接立根训练 …………………………………（44）
　　八、顶驱正常钻进井控训练 ……………………………………（47）
　　九、顶驱正常起下钻训练 ………………………………………（50）
　　十、顶驱起下钻井控训练 ………………………………………（53）

第三章　压井实训 （58）

第一节　工程师法压井 （58）
操作步骤 （58）

第二节　司钻法压井 （59）
操作步骤 （59）

第三节　边循环边加重法压井 （60）
操作步骤 （60）

第四节　体积法压井 （61）
操作步骤 （61）

第五节　直推法压井 （62）
操作步骤 （62）

第六节　置换法压井 （62）
操作步骤 （62）

第二部分　采油模块

第四章　抽油机仿真实训系统 （65）

第一节　常用工具 （65）

第二节　抽油机实训 （80）
一、抽油机井开井前检查 （80）

二、抽油机井关井 （81）

三、抽油机井开井 （81）

四、启动游梁式抽油机 （82）

五、停止游梁式抽油机 （84）

六、抽油机井开井后检查 （85）

七、抽油机井巡回检查 （86）

八、更换光杆密封盘根 （87）

九、抽油机一级保养 （88）

十、更换抽油机井电机传动皮带 （89）

十一、更换游梁式抽油机驴头毛辫子 （90）

十二、调整外抱式刹车片张合度 （93）

十三、用钳型电流表检查抽油机平衡 （94）

十四、典型示功图分析 （94）

第三节　注水实训 …………………………………………………… (100)
　　　一、注水井开井 ……………………………………………………… (100)
　　　二、倒注水井正注流程 ……………………………………………… (101)
　　　三、调整注水井注水量 ……………………………………………… (102)
　　　四、注水井巡回检查 ………………………………………………… (103)
　　　五、注水井反洗井 …………………………………………………… (104)
　　第四节　常规技能实训 ………………………………………………… (105)
　　　一、更换井口回压阀门 ……………………………………………… (105)
　　　二、更换井口取样阀门 ……………………………………………… (107)
　　　三、更换井口胶皮闸门闸板 ………………………………………… (108)
　　　四、油井金属管线带压打卡子 ……………………………………… (109)
　　　五、更换卡箍钢圈 …………………………………………………… (110)
　　　六、检查电动机绝缘 ………………………………………………… (112)
　　　七、铰板套扣 ………………………………………………………… (113)
　　　八、在井口更换压力表 ……………………………………………… (114)
　　　九、井口录取油套压 ………………………………………………… (116)
　　　十、在井口取油样 …………………………………………………… (117)
　　　十一、电泵井启泵 …………………………………………………… (117)
　　　十二、电泵井停泵 …………………………………………………… (118)
　　　十三、电泵井巡回检查 ……………………………………………… (119)
　　　十四、电泵井更换电流卡片 ………………………………………… (119)
　　　十五、电泵井更换(检查)油嘴 ……………………………………… (120)
　　　十六、填写、计算注水井班(日)报表 ……………………………… (121)
　　　十七、填写油井班(日)报表 ………………………………………… (121)

第五章　多相管流仿真实训系统 ……………………………………… (123)

　　第一节　多相管流仿真实训系统的组成 ……………………………… (123)
　　　一、多相管流仿真实训系统概述 …………………………………… (123)
　　　二、多相管流仿真实训系统的结构 ………………………………… (123)
　　　三、多相管流仿真实训系统仪表盘的组成及功能 ………………… (125)
　　　四、多相管流仿真实训系统软件应用 ……………………………… (125)
　　第二节　多相管流仿真实训系统实训项目 …………………………… (128)
　　　一、多相管流仿真实训系统基本操作 ……………………………… (128)

二、垂直管中气液两相流实训操作 ………………………………（129）
三、倾斜和水平管中气液两相流实训操作 ………………………（133）

第三部分　修井模块

第六章　修井设备 ……………………………………………………（143）
第一节　修井机 ……………………………………………………（143）
一、动力系统 …………………………………………………………（144）
二、传动系统 …………………………………………………………（144）
三、旋转系统 …………………………………………………………（144）
四、循环系统 …………………………………………………………（145）
五、提升系统 …………………………………………………………（146）
六、底座系统 …………………………………………………………（147）
七、防喷及控制系统 …………………………………………………（147）
八、附属设备 …………………………………………………………（147）
第二节　打捞工具 …………………………………………………（148）
一、滑块捞矛 …………………………………………………………（148）
二、接箍捞矛 …………………………………………………………（149）
三、卡瓦打捞筒 ………………………………………………………（149）
四、不可退式抽油杆打捞筒 …………………………………………（151）
五、磁力打捞器 ………………………………………………………（152）
六、活页式捞筒 ………………………………………………………（153）
七、三球打捞器 ………………………………………………………（154）
八、内钩 ………………………………………………………………（154）
九、反循环打捞篮 ……………………………………………………（155）
十、倒扣捞矛 …………………………………………………………（156）
十一、倒扣捞筒 ………………………………………………………（158）
十二、可退式打捞矛 …………………………………………………（158）
十三、篮式卡瓦捞筒 …………………………………………………（159）
十四、开窗打捞筒 ……………………………………………………（160）
第三节　封隔器 ……………………………………………………（161）
一、Y221-115 封隔器 ………………………………………………（161）
二、Y111-115 封隔器 ………………………………………………（162）

三、Y211-115 封隔器 …………………………………………（163）
　　四、Y341-115 封隔器 …………………………………………（164）
　第四节　井下作业常用工具 ………………………………………（165）
　　一、管钳 …………………………………………………………（165）
　　二、活动扳手 ……………………………………………………（165）
　　三、油管吊卡 ……………………………………………………（166）
　　四、抽油杆吊卡 …………………………………………………（166）
　　五、修井公锥 ……………………………………………………（167）
　　六、母锥 …………………………………………………………（167）
　　七、三牙轮钻头 …………………………………………………（168）
　　八、锯齿形安全接头 ……………………………………………（169）
　　九、平底磨鞋 ……………………………………………………（170）
　　十、套管通径规 …………………………………………………（171）
　　十一、ZX-P140 偏心辊子整形器 ……………………………（172）
　　十二、套铣筒 ……………………………………………………（173）
　　十三、弹簧式套管刮削器 ………………………………………（174）
　　十四、空心配水器 ………………………………………………（175）
　　十五、铅模 ………………………………………………………（175）

第七章　修井机作业实训项目 …………………………………………（177）
　第一节　起下作业 …………………………………………………（177）
　　一、修井机开机准备 ……………………………………………（177）
　　二、修井工具准备 ………………………………………………（177）
　　三、穿绳作业 ……………………………………………………（178）
　　四、铅模打印及描述操作 ………………………………………（179）
　　五、起油管操作 …………………………………………………（180）
　　六、下油管操作 …………………………………………………（181）
　　七、使用可退式捞矛打捞操作 …………………………………（182）
　　八、使用滑块捞矛打捞操作 ……………………………………（184）
　　九、使用开窗捞筒打捞操作 ……………………………………（185）
　第二节　井内的循环作业 …………………………………………（186）
　　一、冲砂操作 ……………………………………………………（186）
　　二、洗、压井操作 ………………………………………………（188）

三、一次替喷操作 …………………………………………………（189）
　　四、二次替喷操作 …………………………………………………（190）
　　五、安装抽油井防喷盒操作 ………………………………………（191）
第三节　旋转作业 ………………………………………………………（192）
　　一、套管刮削操作 …………………………………………………（192）
　　二、通井操作训练 …………………………………………………（193）
　　三、测卡点操作 ……………………………………………………（193）

第四部分　油气钻采的 HSE

第八章　油气钻采的 HSE ……………………………………………（199）
第一节　钻井应急实训 …………………………………………………（199）
　　一、硫化氢防护应急实训 …………………………………………（199）
　　二、应急准备 ………………………………………………………（200）
　　三、应急反应和行动 ………………………………………………（200）
　　四、溢流、井涌、井喷应急实训 …………………………………（202）
　　五、工伤应急实训 …………………………………………………（204）
　　六、火灾应急实训 …………………………………………………（206）
　　七、洪涝灾害应急实训 ……………………………………………（209）
　　八、油料、燃料及其他有毒物质泄漏应急实训 …………………（211）
　　九、现场医疗急救实训 ……………………………………………（212）
　　十、突发性污染事故处理应急实训 ………………………………（214）
第二节　采油应急实训 …………………………………………………（215）
　　一、换抽油机井光杆应急实训 ……………………………………（215）
　　二、换抽油机井联组皮带应急实训 ………………………………（216）
　　三、抽油机井调整防冲距应急实训 ………………………………（217）
　　四、换抽油机井曲柄销子应急实训 ………………………………（217）
　　五、更换计量分离器玻璃管应急实训 ……………………………（218）
　　六、注水井洗井应急实训 …………………………………………（219）
　　七、加闸板密封填料应急实训 ……………………………………（219）
　　八、电器设备更换应急实训 ………………………………………（220）
　　九、事故应急流程 …………………………………………………（220）

7

第一部分
钻井模块

第一章 钻机仿真实训系统

第一节 钻机的组成及工作原理

钻机在石油钻井中,带动钻具破碎岩石,向地下钻进,钻出规定深度的井眼,供采油机或采气机获取石油或天然气。常用石油钻机主要包括动力机、传动机、工作机等设备,由起升系统、旋转系统、循环系统、传动系统、控制系统和监测显示仪表、动力驱动系统、钻机底座、辅助设备系统八大系统组成,如图 1-1 所示。

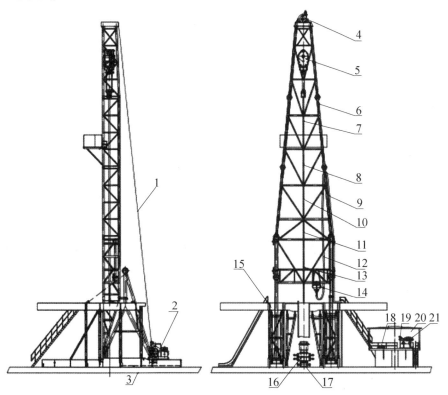

图 1-1 70 钻机示意图

1—钢丝绳;2—绞车;3—基座;4—天车;5—游车;6—井架;7—方钻杆;8—钻杆;9—立管;10—公接头;11—母接头;12—水龙带;13—钻头;14—水龙头;15—底座;16—防喷器;17—表层套管;18—循环系统;19—泥浆罐;20—搅拌器;21—振动筛

图 1-2 为钻机型号的表示方法。

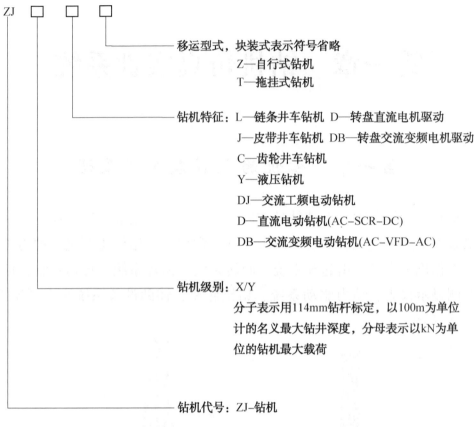

图 1-2　钻机型号的表示方法

一、起升系统

为了起下钻具、下管套，控制钻压及钻头钻进等，钻机配备有一套起升设备，以辅助完成钻井生产。这套设备由钻井绞车、辅助刹车、游动系统和井架组成。另外，还有用于起下操作的井口工具及机械化设备，如吊环、吊卡、卡瓦、动力大钳、立根移运机构等。

1. 功能

起升和下放钻具、下套管以及控制钻压、送进钻具。

2. 组成

绞车、辅助刹车、天车、游车、大钩、钢丝绳以及吊环、吊卡、吊钳、卡瓦等各种工具。

3. 工作原理

起升时，绞车滚筒缠绕钢丝绳，天车和游车构成副滑轮组，大钩上升通过吊环、吊卡等工具实现钻具的提升。下放时，钻具或套管柱靠自重下降，借助绞车的刹车机构和辅助刹车控制大钩的下放速度。

二、旋转系统

为了转动井中钻具，带动钻头破碎岩石，常规钻机配备有转盘和水龙头，顶驱钻机配备有顶驱钻井装置。

1. 地面旋转设备

地面旋转设备包括转盘和水龙头及顶驱钻井装置。转盘是旋转系统工作机，是钻机的关键部件。水龙头在钻井过程中悬持并允许钻杆柱旋转，让钻井液进入钻杆柱内腔完成循环洗井作业，是起升、循环与旋转三个系统交汇的关节部件。习惯上把它归入钻机的地面旋转设备之列。

（1）转盘的功能

① 转动井中钻具，传递足够大的扭矩和转速。

② 下套管和起下钻时，承托井中全部套管柱或钻杆柱重量。

③ 完成卸钻头、卸扣、处理事故时倒扣、进扣等辅助工作；涡轮钻井时，转盘制动上部钻杆柱，以承受反扭矩。

（2）转盘的结构组成。转盘是一个结构特殊的角形传动减速器，主要由水平轴总成、转台总成、主副轴承和壳体等几部分组成。

（3）转盘的工作原理。由以上几部分组成的现代钻井转盘，动力经水平轴的法兰或链轮传入，通过圆锥齿轮传动转台，借助转台通孔中的方补心和小方瓦带动方钻杆、钻杆柱和钻头转动，同时、小方瓦允许钻杆轴向自由滑动，实现钻杆柱的边旋转边送进。起下钻或下套管时，钻杆柱或套管柱可用卡瓦或吊卡坐落在转台上。

2. 水龙头

钻机提升部件与旋转钻具之间的过渡部件。上部的提环与大钩相连，下部中心管与方钻杆相连。水龙头上的鹅颈管与水龙带相连接，中心管与钻具相连形成泥浆循环通道。

3. 钻具

根据所钻井的不同，钻具的组成也有所差异。一般包括方钻杆、钻杆、钻铤和钻头，此外还有扶正器、减震器以及配合接头等。钻进时转盘通过方钻杆带动整个钻柱(由钻杆和钻铤等钻具组成)和钻头旋转，钻头直接破碎岩石，水龙头提供高压泥浆的通道。

三、循环系统

为了将井底钻头破碎的岩屑及时携带到地面上来以便继续钻进，同时为了冷却钻头保护井壁，防止井塌井漏等钻井事故的发生，旋转钻机配备有循环系统。

循环系统包括钻井泵，地面管汇、泥浆罐、泥浆净化设备等，其中地面管汇包括高压管汇、立管、水龙带，泥浆净化设备包括震动筛、除砂器、除泥器、离心机等。

钻井泵将泥浆从泥浆罐中吸入，经钻井泵加压后的泥浆，经过高压管汇、立管、水龙带，进入水龙头，通过空心的钻具下到井底，从钻头的水眼喷出，经井眼和钻具之间的环行空间携带岩屑返回地面，从井底返回的泥浆经各级泥浆净化设备，除去固相含量，然后重复使用。

四、传动系统设备

传动系统将动力设备提供的力和运动进行变换，然后传递和分配给各工作机组，以满足各工作机组对动力的不同需求。

传动系统一般包括减速机构、变速机构、正倒车机构以及多动力机之间的并车机构等。

由柴油机直接驱动的钻井多采用统一驱动的形式，传动系统相对复杂，由交直流电动机驱动的钻机多采用各机组单独或分组驱动的形式，传动系得到了很大的简化。

五、控制系统和监测显示仪表

为了指挥各机组协调工作，整套钻机配备有各种控制装置，常用的有机械控制、气控、电控、液控和电、气、液混合控制。现代机械驱动钻机，普遍采用集中气控制。包括司钻控制台、各种控制阀门、离合器和线路等设备。

现代钻机还配备各种钻井仪表及随钻测量系统。监测显示地面有关系统设备工况，测量井下参数实现井眼轨迹控制。

六、动力驱动系统设备

动力驱动系统设备为钻机三大工作机组及其他辅助机组提供动力，包括柴油机及其供油设备，交流、直流电动机及其供电、保护、控制设备等。

柴油机适应于在没有电网的偏远地区钻井，交流电机依赖于工业电网或者是需要柴油机发出交流电，直流电机需要柴油机带动直流发电机发出直流电，目前更常用的情况是柴油机带动交流发电机发出交流电，再经可控硅整流，将交流电变成直流电。

七、钻机底座

井架和底座用来支撑和安装各钻井设备和工具、提供钻井操作场所。井架用来安装天车、悬挂游车、大钩、水龙头和钻具，承受钻井工作载荷，排放立根；底座用来安装动力机组、绞车、转盘、支撑井架，借助转盘悬持钻具，提供转盘和地面之间的高度空间，以安装必要的防喷器和便于泥浆循环。

八、钻机辅助设备系统

为了保证钻井的安全和正常进行，成套钻机还必须具有供气设备、辅助发电设备、井口防喷设备、钻鼠洞设备与辅助起重设备，在寒冷地带钻井时还必须配备保温设备。

第二节　钻机安装

钻机安装是实训项目中的一个重要环节。通过对钻机进行安装这一过程，将准确把握各部分的功能与组合，为钻机的优化设计及改进提供了切实可行的实际操作机会。同时锻炼动手能力，对现场的实际情况得到全面的把握。

一、井架的安装

1. 安装前的检查

（1）井架安装前应按井架交货清单所列的井架零部件的规格和数量进行清点、检查，在运输过程中丢失和碰撞变形的要补齐或修复。

（2）对受损的构件，如焊缝开裂、材料裂纹或锈蚀严重的构件应按制造厂有关要求修复合格或更换后才能安装。

2. 安装井架准备工作

（1）人字架及其他各处的滑轮用手转动时应灵活，无卡阻和异常响声。

（2）井架体上所有穿销轴的孔内应涂润滑脂以利于销轴的打入和防止销轴锈蚀。

二、井架起升

1. 钻机在正式起升前应对井架进行以下检查

（1）检查所有构件之间连接销安装是否正确齐全，别针或开口销是否穿好。

（2）检查所有螺栓、螺母是否上紧，防松垫圈是否带上。

（3）检查所有转动部位润滑是否良好。

（4）检查起升大绳和游动系统钢丝绳，如有扭结、断丝、压扁、锈蚀等影响强度的缺陷，应予以更换。

（5）清理井架上一切与起升无关的东西。井架体上不准有扳手、鎯头等工具及螺栓、螺母、垫圈、销子、别针等安装剩余的物品，以免起升时掉下来砸伤操作人员。

2. 当井架离开高支架约 100mm 时刹车，并进行检查

（1）检查并确认起升大绳和游动系统钢丝绳穿绳正确无误，钢丝绳均在绳槽中，挡绳装置可靠。

（2）检查起升大绳绳卡，有无滑移现象，是否牢靠。

（3）检查死绳是否固定可靠。

（4）检查起升人字架前后腿支脚、支座、井架大支脚、起升导向轮支座、起升大耳、起升滑轮、井架体立柱和斜横拉筋等有无变形，焊缝开裂等现象，如发现问题，必须及时维修或更换。

（5）此种低位起升及检查应不小于两次，确认无异常时，方可正式起升井架。

第三节　架载荷测试

一、井架极限测试原因

井架是石油钻井的重要设备，井架极限载荷是反映井架承载能力的一个重要指标。为了确保井架安全作业，研究与了解井架在承载后至井架压溃时的结构性能，进行井架极限载荷测试是非常必要的。

二、井架极限测试结果

（1）井架材料在弹性范围内，井架立柱测试应力与大钩载荷呈线性关系；

（2）在井架部分杆件已进入屈服后，井架立柱测试应力与大钩载荷已不呈

线性关系；

（3）井架在承载至压溃破坏过程中，井架上段为井架受力的最大部位，其中井架大腿内侧立柱最先屈服。

第四节　钻井司钻控制平台操作

一、实训目的

（1）通过对钻井过程的操作，使学生掌握钻井作业的基本方法，了解司钻操作。

（2）通过对钻井作业的训练，使学生学会操作司钻操作台，并利用各显示仪表，判断井下问题。

（3）锻炼学生利用所学理论与实际相结合的能力，培养严肃认真、实事求是的科学态度。

（4）验证所学的原理，巩固和加深对相关理论的理解，提高学生对所学知识的运用能力。

二、钻井司钻控制台功用

司钻控制台是 70 型钻机的重要组成部分，逼真的体现了钻井设备各种先进性能，采用先进的变频交流调速装置，从而可使转盘速度在 0~100r/min 之间方便又平稳的调整，面板有电机转速和转盘转速的两个显示窗口，用数字显示有关数据，供操作者随时观察。泥浆泵，油泵，绞车均有开、停的信号灯显示，便于操作人员操作使用。电源采用急停式的事故停车，当有紧急情况时按下急停按扭即实现设备上全部电源均断电，要想重新启动必须抬起急停按扭，方可重新按下操作程序启动各个设备。同时可控制振动筛、除泥器、除砂器、除气器、离心机的动作。

第五节　泥浆泵测试

一、泥浆泵作用与特点

泥浆泵是地质矿产、水文水井的配套设备。特别适用于缺水及沙漠地区的钻机。其性能的好坏直接影响到工程施工效率、速度、质量与安全。泥浆泵具有高压力、可无级调速变量、参数合理、结构先进、性能可靠、重量轻、移动方便等显著特点。

二、使用操作特别注意事项

（1）新泵或停泵的时间过长，若水箱低于泵中心高，开泵前应向吸入管内注满浆液后启动，吸入管端应浸入水池液面下0.3m，离底部不少于0.3m。

（2）调整变量的方法有两种：调整变量调速阀的开关大小；调整供油系统向液压马达的供油总量大小。

（3）发现排水脉动大，先增大流量增速循环3~5min，冲出积存在吸入球阀周边的泥团碎渣，或打开泵头底部的铜堵塞，用木杆多次顶开吸入球阀，以排除压在球阀上积存的泥团碎渣。

（4）发现曲轴箱前端上下三个腰形孔有泥浆窜出，应停泵，打开缸盖，拧紧压在活塞前端的铜质调整螺套，使橡胶活塞直径涨大；如发现活塞损坏，则应及时更换。

（5）曲轴箱前端上下三个腰形孔内腔不可积存泥团碎渣，应经常冲洗排净。

（6）工程结束时，泵需用清水加大流量增速循环清洗3~5min，排出阀腔、缸腔及通道内泥团碎渣。

（7）安全阀出厂前，已调到额定压力，用户不可随意变动与调整，以确保安全运转与人身安全。

第六节 钻井测试

一、钻井实训操作步骤

（1）安装泥浆管，向泥浆槽内注满水；

（2）检查泥浆槽与泥浆泵连接处，上紧卡箍，使其连接可靠；

（3）检查高压管与泥浆泵及立管的连接（其接头需用生料带缠绕密封）；

（4）检查立管水龙带的连接，使其连接可靠（其接头需用生料带缠绕密封）；

（5）将水龙带与水龙头连接好，水龙带与水龙头连接处需用生料带缠绕密封；

（6）将水龙头与大吊环（卡）连接，并悬挂在游车卸扣上；

（7）将方钻杆（通过转换接头）与水龙头连接；

（8）将母接头与方钻杆另一端连接；

（9）将钻杆与母接头连接；

（10）将公接头与钻杆另一端连接；

（11）将与钻头所对应变径接头和公接头连接；

（12）将钻头和变径接头连接；

（13）启动绞车，游车下放，已连接好的钻杆、钻头通过转盘补心，经泥浆管，经过表层套管到达井口位置。注意：此时只能接一根钻杆，因为方钻杆的四方需夹在方补心内才能实现旋转和钻进；

（14）检查所有管路是否已连接好；

（15）打开泥浆槽及泥浆泵阀门；

（16）开启泥浆泵，当泥浆液返回泥浆槽时开始钻进；

（17）在正常情况下，钻进时转盘应为正转（即要保证转盘的旋转方向与钻杆连接上扣的旋紧方向一致）。钻进时，转盘速度一般设为50~60r/min；

（18）当钻进至接近方钻杆四方末端时，转盘应匀速降低至0，此时向上提升方钻杆与钻杆连接处母接头露出转盘面位置时停止。用垫卡夹住母接头四方支撑在转盘面上，不至于卸扣时钻具掉入井中，用活动扳手夹住方钻杆四方进行卸扣；

（19）接钻杆，同（9）、（10）步骤；

（20）钻杆接好后，提升至适当位置，将装有公接头一端的钻杆与有垫卡夹住的母接头连接；

（21）提升钻具，取出垫卡，下钻具继续钻进；

（22）重复（18）~（21）步骤操作钻进至设计深度；

（23）打钻完毕后，应匀速将转盘速度降为0，关闭转盘，关闭泥浆泵，关闭各阀门；

（24）起钻。

二、钻井实训操作方法

（1）接通总电源及操作台电源，并检查操作台上电源指示灯是否发亮；

（2）按下操作箱上"电铃"按钮，以起警示作用；

（3）点动绞车"正转""反转"按扭，查看绞车运转是否正常。按下"正转"按扭时，绞车电机旋转方向需与绞车电机上箭头指示方向一致，将转盘开关开至"正转"方向，顺时钟旋转调速旋扭，调速按扭正上方的液晶屏此时将显示驱动转盘用电机的转速，其右侧液晶屏将显示转盘的转速。转盘的最高转速为100r/min，建议在钻井实训时转盘速度调为 50~60r/min；

（4）泥浆泵电机的转速需与箭头方向一致。

三、载荷测试操作方法

（1）接通总电源及操作台电源，并检查操作台上电源指示灯是否发亮；

（2）按下操作箱上"电铃"按钮，以起警示作用；

（3）点动绞车"正转""反转"按扭，查看绞车运转是否正常。按下"正转"按扭时，绞车电机旋转方向需与绞车电机上箭头指示方向一致；

（4）启动油泵，注意观察有无漏油及异常声响；

（5）检查调压阀是否开至无压力状态，调压阀逆时钟旋转为降压，顺时钟旋转为加压；

（6）将手动换向阀推至卸载位置，卸载时，油缸应向外伸出，然后推至加载位置，加载位置油缸应向内回缩。油缸连续伸缩 2~3 次；

（7）调压阀在无压力状态下将油缸伸出到最大行程；将油缸与井架加载装置(或转盘梁加载装置)连接后，将换向阀推至加载位置进行加载，加栽时应将调压阀顺时钟旋转从小到大平稳加载。加载压力可通过压力表读出，加载力与压力的换算公式为力＝面积×压力＝$3769.9 \times (0 \sim 18.65)$ N。载荷测试完成后，将换向阀推至中位，然后逆时钟旋转调压阀进行减压，直至压力为零。

第七节　其他实训操作

一、绳索结扣

（1）挽直套式绳结。用一根 1m 的棕绳挽成"U"形；用另一根棕绳从第一根"U"形中按规定秩序挽绕成绳结；用棕绳丝将两端固定；

（2）挽套钩结。将棕绳交叉成"∝"形；将绳套挂入滑轮钩；

（3）挽渔夫结。左手握着棕绳 0.5m 处，右手拉绳头绕在钢管上；按规定右手绕成结；右手按结扣，左手用力拉绳把；

（4）挽死扣结。左手握着棕绳中部，右手握棕绳另一端按秩序缠绕在钢管上；双手同时拉棕绳，将绳套固定在钢管上。

二、使用压杆式黄油枪

（1）检查黄油枪活塞，检查油枪头密封，检查油道畅通情况；

（2）拉出拉杆，使活塞靠近后端，锁住拉杆；

（3）卸下前端盖，装满润滑脂，润滑脂应干净无杂物；

（4）旋上前端盖，将拉杆解锁；

（5）揿动手柄，排除空气；

（6）油枪头与黄油嘴对正，倾斜度不超过15°，揿动手柄，注润滑脂，一次成功，清除注润滑脂处的油污。

三、检查钻杆

（1）检查滚动钻杆、平视钻杆的弯曲情况，检查伤痕、锈蚀情况；检查密封面平整和刺伤情况，内螺纹处密封面不得窄于3mm，外螺纹不得窄于4mm；检查丝扣变形和磨损情况，磨尖牙数在5牙以下；检查接头偏磨情况；检查畅通情况；检查清洁情况；

（2）有问题的钻杆做好标记，记录检查情况。

四、保养安全卡瓦

（1）选用安全卡瓦规格，检查清洁情况及灵活性，检查弹簧，检查卡瓦牙和铰链轴销；

（2）保养螺杆丝扣。卡瓦牙应保持清洁。专用杠销，丝杠销应处在卡瓦开口背面；

（3）试用。将安全卡瓦卡在距卡瓦50mm处，卡平与贴合，敲击卡紧，取下安全卡瓦。

五、钻进、接单根操作刹把

1. 操作前检查

（1）检查悬重表、泵压表，工作应正常；

（2）刹把高低合适，刹车灵敏；

（3）小鼠洞应有钻杆单根。

2. 钻进操作

（1）身体直立，右手心向下握住刹把，左手扶转盘开关，正视悬重表，斜视泵压表、滚筒和转盘，精力集中；

（2）泵压正常，钻头距井底1m左右，左手两次挂和转盘气开关，右手轻抬刹把下放钻具，钻压由小到大逐渐加至设计钻压，在设计钻压范围内控制刹把使滚筒均匀转动送钻。随时注意悬重表、泵压表的变化，准备判断井下情况。

3. 接单根操作

(1) 钻完方可入刹住刹把，方钻杆有效部分应余下 10~15cm，禁止将钻具重量压在方补芯上。待钻压减少 30~50kN，摘转盘气开关，待转盘停稳后一次挂合低速，滚筒将要转动时松刹把，单根内螺纹接头出转盘面 0.5m 刹车，放入小补心，扣好吊卡并摆正后慢放钻具坐吊卡，大钩弹簧松回 2/3 左右刹住刹把，停泵；

(2) 卸螺纹后上提方钻杆使公扣高出螺纹接头 0.2m。小鼠洞对螺纹，待钻杆上紧螺纹后合低速，方钻杆起升时改用高速，单根起出鼠洞 2/3 摘高速，单根出小鼠洞后及时刹车，与井口钻具对螺纹；

(3) 液气大钳上螺纹后开泵。钻井液返出井口、泵压正常再合低速上提钻具 0.2m 刹车，井口人员摘开吊卡取出小补心后，慢慢下放钻具，眼看悬重表、泵压表，方钻杆接头过转盘面时可转动转盘使方补心进入大方瓦，恢复钻进。

六、操作液压大钳

1. 操作前的准备工作

(1) 检查钳牙及上下挡销，检查钳头腭板尺寸与钻杆接头尺寸是否相符；

(2) 检查气源压力是否符合使用要求；

(3) 把钳头上的两个定位手柄根据上螺纹或卸螺纹转到相应的位置。

2. 操作液压大钳

(1) 操作高低挡双向气阀，使大钳缺口对准井口钻柱；

(2) 操作移送气缸双向气阀，送大钳到井口，一次到位，锁住下钳。根据上卸螺纹需要将高低挡的双向气阀转到相应的位置；

(3) 卸螺纹或上螺纹，上螺纹时根据钻具所需扭矩调节压力；

(4) 操作夹紧气缸双向气阀到工作的相反位置，下钳恢复到"零"位，对准缺口；

(5) 操作移送气缸双向气阀使大钳平稳地离开井口。

七、交叉法穿大绳

1. 准备

(1) 天车轮自死绳端编号为 1、2、3、4、5、6，游车自靠近地面一侧编号为 a、b、c、d、e；

(2) 在地面将白棕绳与大绳连接，作为引绳。

2. 穿大绳操作

将引绳自死绳端从天车 1 号轮下方绕至游车 e 号轮。从 e 号轮绕出的引绳引至天车 6 号轮上方绕进；出绳至游车 a 号轮进；出绳至死绳端从天车 2 号轮下方绕进；出绳至游车 b 号轮上方绕进至天车 5 号轮；出绳至游车 d 号轮绕进，出绳至死绳端从天车 3 号轮下方绕进；出绳至游车 c 号轮绕进，出绳至天车 4 号轮上方绕进至滚筒。穿完后将活绳端拉出一定的长度。

3. 死、活绳头的固定

死绳头在死绳锚轮上缠绕 3 圈，至死绳固定压板上压紧并将 6 个螺丝拧紧，在距压板 300mm 处，加 300mm 长的相关钢丝绳一根，用 2 个绳卡卡紧，卡距 50mm。（活绳头自滚筒内孔穿出，绳头穿进锁紧卡内、拉出后用 100mm 长的相关钢丝绳与绳头用绳卡 2 个卡紧，卡距 50mm 即可）。

八、检查保养转盘

1. 检查步骤

（1）观察转盘固定，四角挡板块齐全，反正螺丝拉紧或丝杠顶紧，转盘无位移；

（2）打开护罩观察链轮应无轴向位移，轴头固定螺丝无松动；查看快速轴密封状况，万向轴及连接螺纹无松旷。检查完毕重新固定好护罩；

（3）用扳手活动固定转台与方瓦以及方瓦与方补心所用的制动块和销子，应转动灵活；

（4）打开加油孔盖，观察机油油量、油质是否符合标准；

（5）转盘在使用过程中，用手触摸壳体不应过热，转台转动平稳，无上下跳动和杂音。

2. 保养步骤

（1）润滑油变质应更换润滑油，数量不足应补充；

（2）按时向各润滑点加注润滑脂。

第二章　井控仿真实训系统

井控就是井涌控制或压力控制。采取一定的方法控制底层压力，基本上保持井内大力平衡，保证作业施工的顺利进行。

根据各油气田发生井喷失控的实例，井喷失控的直接原因大致可归纳为以下几个方面：

（1）地质设计与工程设计缺陷井控装置安装。

（2）使用及维护不符合要求。

（3）井控技术措施不完善、未落实。

（4）未及时关井，关井后复杂情况处置失误。

（5）思想麻痹，存在侥幸心理，作业过程中违章操作。

井控设备是指实施油气井压力控制技术所需的专用设备、管汇、专用工具、仪器和仪表。井控设备具有以下功能：

（1）及时发现溢流。在钻井过程中，能够对油气井进行监测，以便尽早发现井喷预兆，及时采取控制措施。

（2）迅速控制井口。溢流、井涌、井喷发生后，能迅速关井，并通过建立足够的井口回压，实现对地层压力的二次控制。

（3）允许井内流体可控制地排放。实施压井作业，向井内泵入泥浆时能够维持足够的井底压力，重建井内压力平衡。

（4）处理井喷失控。在油气井失控的情况下，进行灭火抢险等处理作业。

第一节　井控设备的组成及工作原理

井控设备主要由以下几部分组成（见图2-1）：

（1）以防喷器为主体的钻井井口：包括防喷器、控制系统、套管头、四通等；

（2）以节流、压井管汇为主体的井控管汇：包括防喷管汇，节流、压井管汇，放喷管线等；

(3) 钻具内防喷工具：包括方钻杆上下旋塞阀、应急旋塞、浮阀、防喷单根、钻具止回阀等；

(4) 以监测和预报地层压力为主的井控仪表：包括泥浆返出量、泥浆总量和钻井参数的监测报警仪等；

(5) 泥浆加重、除气、灌注设备：包括液气分离器、除气器、加重装置、起钻自动灌泥浆装置等；

(6) 井喷失控处理和特殊作业设备：包括不压井起下钻加压装置、旋转防喷器、灭火设备等。

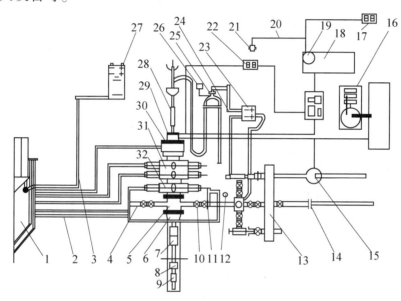

图 2-1 井控装置配套示意图

1—防喷器远程控制台；2—防喷器液压管线；3—防喷器气管束；4—压井管汇；5—四通；6—套管头；7—方钻杆下旋塞；8—旁通阀；9—钻具止回阀；10—手动闸阀；11—液动闸阀；12—套管压力表；13—节流管汇；14—放喷管线；15—钻井液液气分离器；16—真空除气器；17—钻井液液面监测仪；18—钻井液罐；19—钻井液液面监测传感器；20—自动灌钻井液装置；21—钻井液池液面报警器；22—自灌装置报警箱；23—节流管汇控制箱；24—节流管汇控制线；25—压力变送器；26—立管压力表；27—防喷器司钻控制台；28—方钻杆上旋塞；29—防溢管；30—万能防喷器；31—双闸板防喷器；32—单闸板防喷器

一、防喷器

1. 钻井工艺对防喷器的要求

为保障钻井作业的安全，防喷器必须满足下列要求：

(1) 关井动作迅速；

(2) 操作方便；

17

（3）密封安全可靠；

（4）现场维修方便。

2. 液压防喷器的最大工作压力与公称通径

液压防喷器的最大工作压力是指防喷器安装在井口投入工作时所能承受的最大井口压力(又称额定工作压力)。

液压防喷器的公称通径是指防喷器的上下垂直通孔直径。

我国液压防喷器的最大工作压力共分为 6 级，即：14MPa、21MPa、35MPa、70MPa、105MPa、140MPa。我国液压防喷器的公称通径共分为 11 种，即：103.2mm、180mm、230mm、280mm、346mm、426mm、476mm、528mm、540mm、680mm、762.2mm。

国内现场常用的公称通径多为 230mm(9″)、280mm(11″)、346mm(13⅝″)、540mm(21¼″)等。

3. 液压防喷器的型号

防喷器的型号由产品代号、通径尺寸、额定工作压力值组成。产品代号由产品名称主要汉字汉语拼音的第一个字母组成。公称通径的单位为 mm 并取其整数值。最大工作压力(额定工作压力)的单位以 MPa 表示。

防喷器的型号表示如下：

单闸板防喷器　FZ 公称通径——最大工作压力；

双闸板防喷器　2FZ 公称通径——最大工作压力；

三闸板防喷　3FZ 公称通径——最大工作压力；

万能防喷器　FH 公称通径——最大工作压力；

例如，公称通径 230mm，最大工作压力 21MPa 的单闸板防喷器，型号为 FZ23-21；公称通径 346mm，最大工作压力 35MPa 的双闸板防喷器，型号为 2FZ35-35；公称通径 280mm，最大工作压力 35MPa 的万能防喷器，型号为 FH28-35。

4. 井口防喷器的组合

在钻井过程中，通常，油气井口所安装的部件自下而上的顺次通常为：套管头、四通、闸板防喷器、万能防喷器、防溢管。

由于油气井本身情况各不相同，井口所装防喷器的类型、数量并不一致。井口所装防喷器的类型、数量、压力等级、通径大小是由很多因素决定的。

5. 防喷器公称通径的选择

液压防喷器的公称通径应与其套管头下的套管尺寸相匹配(即必须略大于所使用的套管接箍的外径)，以便通过相应钻头与钻具，继续钻井作业。

6. 防喷器压力等级的选择

按预测井眼全部充满地层流体时的最高关井压力，选择与之相匹配的防喷器压力等级，并根据不同的井下情况选用各次开钻防喷器的尺寸系列和组合形式，确保封井可靠，不至于因耐压不够而导致井口失控。含硫地区井控装备选用材质应符合行业标准 SY5087《含硫油气井安全钻井推荐作法》的规定。

7. 组合形式的选择

组合形式的选择即选择防喷器的类型和数量，不同压力级别的防喷器组合按油气田井控实施细则的要求进行选择。

8. 典型防喷器功能

（1）万能防喷器的功能。万能防喷器通常与闸板防喷器配套使用。它能完成以下作业：

① 当井内有钻具、油管或套管时，能用一种胶芯封闭各种不同尺寸的环形空间；

② 当井内无钻具时，能全封闭井口；

③ 在进行钻井、取芯、测井等作业中发生井涌时，能封闭方钻杆、取芯工具、电缆及钢丝绳等与井筒所形成的环形空间；

④ 在使用调压阀或缓冲储能器控制的情况下，能通过 18°无细扣对焊钻杆接头，强行起下钻具

（2）闸板防喷器的功能：

① 当井内有钻具时，可用与钻具尺寸相应的半封闸板封闭井口环形空间。

② 当井内无钻具时，可用全封闸板全封井口。

③ 当井内有钻具需将钻具剪断并全封井口时，可用剪切闸板迅速剪切钻具全封井口。

④ 闸板防喷器的壳体上有侧孔，在侧孔上连接管线可用以代替节流管汇循环泥浆或放喷。

⑤ 闸板防喷器可用来长时间封井。

（3）旋转防喷器的功用：

① 密封钻柱与井口的环空；

② 实现旋转功能；

③ 实现井口的带压钻进；

④ 钻进过程中控制循环流体的流向。

旋转防喷器主要应用于欠平衡钻井、气体钻井。

二、节流管汇

1. 节流管汇的功用

节流管汇是成功地控制井涌、实施油气井压力控制技术的可靠而必要的设备。在油气井钻进中,井筒中的钻井液一旦被流体所污染,就会使钻井液静液柱压力和地层压力之间的平衡关系遭到破坏,导致井涌。当需循环出被污染的钻井液,或泵入性能经调整的高密度钻井液压井以便重建平衡关系时,在防喷器关闭的条件下,利用节流管汇中节流阀的启闭控制一定的套压,来维持稳定的井底压力,避免地层流体的进一步流入。通常是控制钻井液流过节流阀来产生井内止回,并保证液柱压力略大于地层压力的条件下排除溢流和进行压井。

2. 主要部件结构及原理

节流管汇由主体和控制箱组成。主体主要由节流阀、闸阀、管线、管子配件、压力表等组成,其额定工作压力应与最后一次开钻所配置的钻井井口装置工作压力值相同,节流阀后的零部件工作压力应比额定工作压力低一个等级,见图2-2。

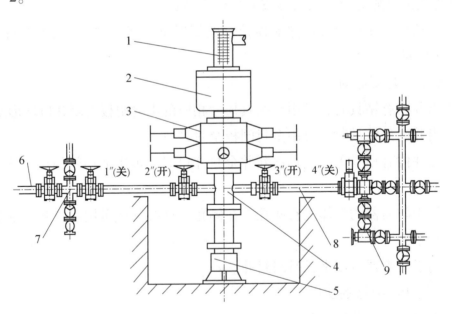

图2-2 节流管汇

1—防溢管;2—环形防喷器;3—闸板防喷器;4—钻井四通;5—套管头;
6—放喷管线;7—压井管汇;8—防喷管线;9—节流管汇

三、压井管汇

1. 压井管汇的功用

当不能通过钻柱进行正常循环时，可通过压井管汇向井中泵入钻井液，以达到控制油气井压力的目的。同时还可以通过它向井口注入清水和灭火剂，以便在井喷或失控着火时用来防止爆炸着火。

2. 压井管汇的主要部件

它主要由单向阀、平板阀、压力表、三通或四通组成。

压井管汇的压力等级和连接形式应与全井防喷器最高压力等级相匹配。

压井管汇水平安装在双四通的5号或单四通的1号阀外侧。

四、防喷管汇、放喷管线

1. 防喷管汇

防喷管汇包括四通出口至节流管汇、压井管汇之间的防喷管线、平行闸板阀、法兰及连接螺柱或螺母等零部件。

装双四通的防喷管汇在1号、4号、5号、8号闸阀之内，装单四通的防喷管汇在节流管汇、压井管汇以内。

采用单四通配置时，可根据钻井设计的需要增接一条备用防喷管线。

2. 放喷管线

装双四通的放喷管线包括节流管汇、压井管汇以外的管线、闸阀、法兰及连接螺柱及螺母等零部件，装单四通的放喷管线为压井管汇、节流管汇以外的零部件。

五、钻具内防喷工具

在钻井过程中，当地层压力超过钻井液静液柱压力时，为了防止地层压力推动钻井液沿钻柱水眼向上喷出，防止水龙带因高压而被蹩坏，则需使用内防喷工具。钻具内防喷工具主要有方钻杆上旋塞阀、方钻杆下旋塞阀、钻具止回阀、浮阀等。

1. 钻具止回阀

钻具止回阀结构形式很多，就密封元件而言，有蝶形、浮球形、箭形等密封结构。使用方法也各有异，有的被连接在钻柱中；有的则在需要时，将它投入钻具水眼中而起封堵井压的作用。

2. 方钻杆旋塞阀

方钻杆上旋塞，接头丝扣为左旋螺纹，使用时安装在方钻杆上端。

方钻杆下旋塞，接头丝扣为右旋螺纹，使用时安装在方钻杆下端。

主要用途如下：

（1）当井内发生井涌或井喷时，钻具回压阀失灵或未装钻具止回阀时，可以先关闭上部方钻杆旋塞阀，然后上提方钻杆关闭防喷器，以免使水龙带被蹩破；

（2）上部和下部方钻杆旋塞阀一起联合使用，若上旋塞失效时，可提供第二个关闭阀；

（3）当需要在钻柱上装止回阀时，可以先关下旋塞，制止液体从钻杆中流出。在下旋塞以上卸掉方钻杆，然后将投入式止回阀投入到钻具内接上方钻杆，开下旋塞，利用泵压将止回阀送到位。

3. 钻具浮阀

钻具浮阀是一种全通径、快速开关的浮阀。当循环不被停止时能紧急关闭。钻具浮阀是由浮阀芯及本体组成，浮阀芯是由阀体、密封圈、阀座、阀盖、弹簧、销子组成。在正常情况下，钻井液冲开阀盖(阀盖分为普通阀盖和带喷嘴阀盖)进行循环。当井下发生井喷时，阀盖关闭达到防喷的目的。

第二节　井控设备的实训

本系统训练内容分为4部分：钻前准备、转盘钻井及井控、顶驱钻井及井控和非常规井控。学员通过操作模拟器，包括钻井泵、转盘、绞车、滚筒、气动卡瓦、气动旋扣器、顶驱、防喷器控制台、遥控节流箱、立管管汇、节流管汇及压井管汇等，可以掌握钻井过程的主要操作方法和工艺流程，尤其是可以熟练掌握在正常钻进、起下钻、起下钻铤和空井等不同工况下发生溢流后的关井方法、步骤，通过井控模拟操作，学员不但可以掌握不同工况下的关井程序，掌握关井立压和关井套压的确定方法，而且可以通过3D动画观察到井场的动态场景，并且可以了解防喷器的内部结构和工作原理。

一、破裂压力测试

1. 初始状态

（1）发电机打开(GEN 1号、2号、3号、4号的按钮按下)；

（2）总离合挂合(将总离合手柄扳到"挂合"位置)；

(3) 各个防喷器都打开,"压井管线"阀和"节流管线"阀关闭,遥控节流阀开度为 50%;

(4) 其他手柄都保持在"脱开"位置,开关旋到"OFF"位置,旋钮都左旋到底。

2. 操作步骤

(1) 关防喷器

① 关闭环形防喷器。左手将防喷器控制箱上的"气源开关"手柄右扳到底,右手将防喷器控制箱上的"环形防喷器"手柄扳到"关"的位置,保持 5s,此时"环形防喷器"的指示灯变亮,"环形防喷器"关闭。

场景:此时大屏幕上显示防喷器组合中的"环形防喷器"关闭的动作。

② 关闭上闸板防喷器。左手将防喷器控制箱上的"气源开关"手柄右扳到底,右手将防喷器控制箱上部的"闸板防喷器"手柄扳到"关"的位置,保持 5s,此时"闸板防喷器"的指示灯变亮,"闸板防喷器"关闭。

场景:此时大屏幕上显示防喷器组合中的"上闸板防喷器"关闭的动作。

③ 打开环形防喷器

左手将防喷器控制箱上的"气源开关"手柄右扳到底,右手将防喷器控制箱上的"环形防喷器"手柄扳到"开"的位置,保持 5s,此时"环形防喷器"的指示灯变灭,"环形防喷器"打开。

场景:此时大屏幕上显示防喷器组合中的"环形防喷器"打开的动作。

(2) 检查 1 号泵立管管路,保证处于开通状态

将立管管汇中的阀门打开,保证立管管路处于开通状态。

(3) 打开 1 号泵

① "1 号泵离合"手柄扳到"挂合"位置;

② 1 号泵开关"MP1"的旋钮旋到"ON"位置;

③ 慢调 1 号泵速调节旋钮"MUD PUMP 1",此时可以在参数显示屏上看到 1 号泵速逐渐变大,调到合适的泵速停止即可,此时可以听到泵运行的声音,立管压力增加,压力增大到一定值后,停泵。

(4) 停泵

① "1 号泵离合"手柄扳到"脱开"位置;

② 1 号泵开关"MP1"的旋钮旋到"OFF"位置;

③ 1 号泵速调节旋钮"MUD PUMP 1"左旋到底,泵速为 0。

(5) 观察立管压力。若压力不降,继续开泵向井内注入泥浆,直至压力升到最大值,再泵入泥浆,压力却减小为止。

（6）求该处的地层破裂压力。地层破裂压力＝最大点压力值＋套管鞋处的泥浆静液柱压力。

二、防喷器试压

防喷器试压界面如图2-3所示。

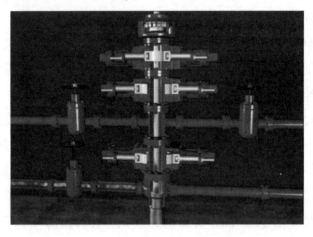

图2-3 防喷器试压界面

1. 初始状态

（1）发电机打开（GEN 1号、2号、3号、4号的按钮按下）；

（2）总离合挂合（将总离合手柄扳到"挂合"位置）；

（3）各个防喷器都打开，"压井管线"阀和"节流管线"阀关闭；

（4）其他手柄都保持在"脱开"位置，开关旋到"OFF"位置，旋钮都左旋到底；

（5）立管管路为通路。

2. 操作步骤

（1）刹把抬起。刹把保持自然状态，套管头自动下放，坐落到井口套管上。

（2）关闭下闸板防喷器。左手将防喷器控制箱上的"气源开关"手柄右扳到底，右手将防喷器控制箱下部的"闸板防喷器"手柄扳到"关"的位置，保持5s，此时"闸板防喷器"的指示灯变亮，"闸板防喷器"关闭。

（3）开泵1号泵：

① "1号泵离合"手柄扳到"挂合"位置；

② 1号泵开关"MP1"的旋钮旋到"ON"位置；

③ 1号泵速调节旋钮"MUD PUMP 1"右旋，此时可以在参数显示屏上看到1号泵速逐渐变化，调到合适的泵速停止即可，此时可以看到钻井液流动的场

景，且压力增大，当压力增大到一定值后，停泵试压。

2号泵：其开泵的操作同1号泵，对应的是"2号泵离合"、"MP2"和"MUD PUMP 2"。

(4) 停泵试压停1号泵：

① "1号泵离合"手柄扳到"脱开"位置；

② 1号泵开关"MP1"的旋钮旋到"OFF"位置；

③ 1号泵速调节旋钮"MUD PUMP 1"左旋到底，泵速为0。

停2号泵：操作同1号泵，对应的是"2号泵离合"、"MP2"和"MUD PUMP 2"。泵停以后，观看立管压力是否下降。

(5) 打开下闸板防喷器、泄压。左手将防喷器控制箱上的"气源开关"手柄右扳到底，右手将防喷器控制箱下部的"闸板防喷器"手柄扳到"开"的位置，保持5s，此时"闸板防喷器"的指示灯变灭，"闸板防喷器"打开，立压降为0。

(6) 关闭上下闸板防喷器。左手将防喷器控制箱上的"气源开关"手柄右扳到底，右手将防喷器控制箱上部的"闸板防喷器"手柄扳到"关"的位置，保持5s，此时"闸板防喷器"的指示灯变亮，上"闸板防喷器"关闭。

(7) 开泵[同步骤(3)]。

(8) 停泵试压[同步骤(4)]。

(9) 打开上闸板防喷器、泄压。左手将防喷器控制箱上的"气源开关"手柄右扳到底，右手将防喷器控制箱上部的"闸板防喷器"手柄扳到"开"的位置，保持5s，此时"闸板防喷器"的指示灯变灭，"闸板防喷器"打开，立压降为0。

(10) 关闭环形防喷器。左手将防喷器控制箱上的"气源开关"手柄右扳到底，右手将防喷器控制箱上的"环形防喷器"手柄扳到"关"的位置，保持5s，此时"环形防喷器"的指示灯变亮，"环形防喷器"关闭。

(11) 开泵[同步骤(3)]。

(12) 停泵试压[同步骤(4)]。

(13) 打开环形防喷器、泄压。左手将防喷器控制箱上的"气源开关"手柄右扳到底，右手将防喷器控制箱上的"环形防喷器"手柄扳到"开"的位置，保持5s，此时"环形防喷器"的指示灯变灭，"环形防喷器"打开，立压降为0。

(14) 上提套管头

① "绞车Ⅰ档、Ⅱ档"手柄扳到"Ⅰ档"或"Ⅱ档"位置；

② "主滚筒控制"手柄扳到"高速"或"低速"位置；

③ 绞车方向控制开关"DW"旋转到"UP"位置；

④ 绞车调速旋钮"DRAWWORKS"右旋到合适的位置；

⑤ 总油门旋钮"THROTILE"右旋到合适位置；

⑥ 刹把抬起，即将"工作制动"手柄保持自然状态。

场景：套管头上移，移出井口。

（15）关闭全封闸板防喷器。左手将防喷器控制箱上的"气源开关"手柄右扳到底，右手将防喷器控制箱中部的"全封闸板防喷器"手柄扳到"关"的位置，保持5s，此时"全封闸板防喷器"的指示灯变亮，"全封闸板防喷器"关闭。

（16）开泵[同步骤(3)]。

（17）停泵试压[同步骤(4)]。

（18）打开全封闸板防喷器、泄压。

左手将防喷器控制箱上的"气源开关"手柄右扳到底，右手将防喷器控制箱中部的"全封闸板防喷器"手柄扳到"开"的位置，保持5s，此时"全封闸板防喷器"的指示灯变灭，"全封闸板防喷器"打开，立压降为0。

（19）试压结束。

三、dc 指数压力检测

该训练内容是用 dc 指数检测地层压力。

选择该内容后，程序自动设定从高压层上部50m处开始钻进，即钻头位置距高压地层有50m。此时学员可开钻钻进，程序将自动以2m为一点进行记录，计算 dc 指数，并自动生成 dc 指数随井深的变化曲线。

该训练内容的详细操作步骤与正常钻进操作步骤相同。

第三节 钻井及井控实训

一、正常钻进接单根训练

1. 初始状态

（1）发电机打开（GEN 1号、2号、3号、4号的按钮按下）；

（2）总离合挂合（将总离合手柄扳到"挂合"位置）；

（3）各个防喷器都打开，"压井管线"阀和"节流管线"阀关闭，遥控节流阀开度为50%；

（4）其他手柄都保持在"脱开"位置，开关旋到"OFF"位置，旋钮都左旋到底；

（5）立管管路为通路。

2. 操作步骤

(1) 开泵1号泵：

① "1号泵离合"手柄扳到"挂合"位置；

② 1号泵开关"MP1"的旋钮旋到"ON"位置；

③ 1号泵速调节旋钮"MUD PUMP 1"右旋，此时可以在参数显示屏上看到1号泵速逐渐变化，调到合适的泵速停止即可，此时可以听到泵运行的声音，且立管压力增大。

2号泵：其开泵的操作同1号泵，对应的是"2号泵离合"、"MP2"和"MUD PUMP 2"。

注：训练过程中可根据需要开1个泵，还是开2个泵。

(2) 转盘开转

① "转盘刹车"手柄扳到"挂合"位置；

② 转盘旋转方向开关"RT"旋转到正转"FWD"位置；

③ 将司钻操作台前方的扭矩限旋钮"RTLIMIT"右旋，使其值大于100kN；

④ 转盘转速调节旋钮"ROTARY TABLE"右旋，此时可以在参数显示屏上看到转盘转速逐渐变化，调到合适的转速停止即可，此时可以听到转盘旋转的现场声音。

场景：转盘开始旋转，转速越大，旋转的速度越快；转速越小，旋转的速度越慢。

(3) 刹把抬起。刹把保持自然状态，此时钻压逐渐加大，钻速逐渐增大，方入逐渐增加，当钻压达到一定值(20t)时，稳定钻压，进行钻进，直到方钻杆完全进入井筒。

场景：转盘在旋转，钻具逐渐的下移。

注：在此过程中，可以将"自动送钻"手柄扳到"挂合"位置，"自动送钻开关"手柄扳到"开"位置，可实现自动送钻操作，即钻压保持恒定时的钻进操作。

(4) 方入到底、刹车。方钻杆完全进入井筒后，此时钻压为0，钻速为0，将"工作制动"手柄下压到底刹车。

(5) 转盘停转

① "转盘刹车"手柄扳到"脱开"位置；

② 转盘旋转方向开关"RT"旋转到正转"OFF"位置；

③ 转盘转速调节旋钮"ROTARYTABLE"左旋到底，转速为0；

④ 此时转盘停止旋转，转盘旋转的声音停止。

（6）上提方钻杆

①"绞车Ⅰ档、Ⅱ档"手柄扳到"Ⅰ档"或"Ⅱ档"位置；

②"主滚筒控制"手柄扳到"高速"或"低速"位置；

③绞车方向控制开关"DW"旋转到"UP"位置；

④绞车调速旋钮"DRAWWORKS"右旋到合适的位置；

⑤总油门旋钮"THROTILE"右旋到合适位置；

⑥刹把抬起，即将"工作制动"手柄保持自然状态。

场景：钻具缓慢的向上移动，直到方钻杆与钻杆的接头露出转盘面。

注："绞车Ⅰ档、Ⅱ档"的"Ⅰ档"、"Ⅱ档"与"主滚筒控制"的"高速"、"低速"组合起来，共有4种上提速度。

（7）刹把刹车，停止上提钻具

①将"工作制动"手柄下压到底刹车；

②"绞车Ⅰ档、Ⅱ档"手柄扳到"脱开"位置；

③"主滚筒控制"手柄扳到"脱开"位置；

④绞车方向控制开关"DW"旋转到"OFF"位置；

⑤绞车调速旋钮"DRAWWORKS"左旋到底；

⑥总油门旋钮"THROTILE"左旋到底。

（8）上卡。将"气动卡瓦"手柄扳到"卡紧"位置。

场景：卡瓦由钻台上移动到井口，卡住钻具。

（9）停泵

1号泵：

①"1号泵离合"手柄扳到"脱开"位置；

②1号泵开关"MP1"的旋钮旋到"OFF"位置；

③1号泵速调节旋钮"MUDP UMP 1"左旋到底，泵速为0。

2号泵：停泵的操作同1号泵，对应的是"2号泵离合"、"MP2"和"MUD PUMP 2"。此时泵的声音停止。

（10）液压大钳卸扣。将"气动旋扣器"手柄扳到"卸扣"位置。

场景：液压大钳移动到井口，卡住钻具的接头，左旋进行卸扣，卸扣结束后，液压大钳回到原位。

注：液压大钳回到原位后，需要将"气动旋扣器"手柄扳到"脱开"位置。

（11）接单根。按按钮(当有声音提示时，松开)。

场景：方钻杆由井口移动到小鼠洞，并与小鼠洞内的单根进行对扣。

（12）液压大钳上扣。将"气动旋扣器"手柄扳到"上扣"位置。

场景：液压大钳移动到小鼠洞，卡住钻具的接头，右旋进行上扣，上扣结束，液压大钳回到原位。

注：液压大钳回到原位后，需要将"气动旋扣器"手柄扳到"脱开"位置。

(13) 上提钻具

① "绞车Ⅰ档、Ⅱ档"手柄扳到"Ⅰ档"或"Ⅱ档"位置；

② "主滚筒控制"手柄扳到"高速"或"低速"位置；

③ 绞车方向控制开关"DW"旋转到"UP"位置；

④ 绞车调速旋钮"DRAWWORKS"右旋到合适的位置；

⑤ 总油门旋钮"THROTILE"右旋到合适位置；

⑥ 刹把抬起，即将"工作制动"手柄保持自然状态。

场景：小鼠洞内的钻具缓慢的向上移动，到达井口上方0.5m处。

(14) 刹把刹车，停止上提钻具操作步骤同(7)。

(15) 下放钻具，与井口钻具对扣。刹把抬起，即将"工作制动"手柄保持自然状态。

场景：钻具下放，与井内钻具对扣。

(16) 刹把刹车。

(17) 液压大钳上扣。将"气动旋扣器"手柄扳到"上扣"位置。

场景：液压大钳移动到井口，卡住钻具的接头，右旋进行上扣，上扣结束后，液压大钳回到原位。

注：液压大钳回到原位后，需要将"气动旋扣器"手柄扳到"脱开"位置。

(18) 去卡。将"气动卡瓦"手柄扳到"脱开"位置。

场景：卡瓦由井口移到钻台上。

(19) 下放钻具。刹把抬起，即将"工作制动"手柄保持自然状态。

场景：钻具缓慢下放，直到钻头到井底。

(20) 刹把刹车。钻具到达井底后，刹把刹车。

(21) 开泵、转盘开转，刹把抬起，继续钻进。正常钻进和正常钻进接单根如图2-4和图2-5所示。

二、正常钻进井控训练

1. 初始状态

(1) 发电机打开(GEN 1号、2号、3号、4号的按钮按下)；

(2) 总离合挂合(将总离合手柄扳到"挂合"位置)；

(3) 各个防喷器都打开，"压井管线"阀和"节流管线"阀关闭，遥控节流阀开度为50%；

图 2-4　正常钻进

图 2-5　正常钻进接单根

（4）其他手柄都保持在"脱开"位置，开关旋到"OFF"位置，旋钮都左旋到底；

（5）立管管路为通路。

2. 操作步骤

（1）开泵

1 号泵：

① "1 号泵离合"手柄扳到"挂合"位置；

② 1 号泵开关"MP1"的旋钮旋到"ON"位置；

③ 1 号泵速调节旋钮"MUD PUMP 1"右旋，此时可以在参数显示屏上看到 1 号泵速逐渐变化，调到合适的泵速停止即可，此时可以听到泵运行的声音，且立管压力增大。

2 号泵：其开泵的操作同 1 号泵，对应的是"2 号泵离合"、"MP2"和"MUD PUMP 2"。

注：训练过程中可根据需要开 1 个泵，还是开 2 个泵。

（2）转盘开转

① "转盘刹车"手柄扳到"挂合"位置；

② 转盘旋转方向开关"RT"旋转到正转"FWD"位置；

③ 将司钻操作台前方的扭矩限旋钮"RT LIMIT"右旋，使其值大于 100kN；

④ 转盘转速调节旋钮"ROTARY TABLE"右旋，此时可以在参数显示屏上看到转盘转速逐渐变化，调到合适的转速停止即可，此时可以听到转盘旋转的现场声音。

场景：转盘开始旋转，转速越大，旋转的速度越快；转速越小，旋转的速度越慢。

（3）刹把抬起。刹把保持自然状态，此时钻压逐渐加大，钻速逐渐增大，方入逐渐增加，当钻压达到一定值（20t）时，稳定钻压，进行钻进。

场景：转盘在旋转，钻具逐渐的下移。

（4）溢流报警、停止钻进

① 钻头进尺 1m 后开始溢流，参数显示屏上的泥浆池增量超过 $1m^3$ 后开始报警，此时报警器鸣叫，立即按报警器，使其"长鸣"进行报警；

② 将"工作制动"手柄下压到底刹车；

③ 将转盘停转。过程如下：ⓐ"转盘刹车"手柄扳到"脱开"位置；ⓑ转盘旋转方向开关"RT"旋转到正转"OFF"位置；ⓒ转盘转速调节旋钮"ROTARYTABLE"左旋到底，转速为 0。此时转盘停止旋转，转盘旋转的声音停止。

（5）上提方钻杆

① "绞车Ⅰ档、Ⅱ档"手柄扳到"Ⅰ档"或"Ⅱ档"位置；

② "主滚筒控制"手柄扳到"高速"或"低速"位置；

③ 绞车方向控制开关"DW"旋转到"UP"位置；

④ 绞车调速旋钮"DRAWWORKS"右旋到合适的位置；

⑤ 总油门旋钮"THROTILE"右旋到合适位置；

⑥ 刹把抬起，即将"工作制动"手柄保持自然状态。

场景：钻具缓慢的向上移动，直到方钻杆与钻杆的接头露出转盘面。

注："绞车Ⅰ档、Ⅱ档"的"Ⅰ档"、"Ⅱ档"与"主滚筒控制"的"高速"、"低速"组合起来，共有 4 种上提速度。

（6）刹把刹车，停止上提钻具

① 将"工作制动"手柄下压到底刹车；

② "绞车Ⅰ档、Ⅱ档"手柄扳到"脱开"位置；

③ "主滚筒控制"手柄扳到"脱开"位置；

④ 绞车方向控制开关"DW"旋转到"OFF"位置；

⑤ 绞车调速旋钮"DRAWWORKS"左旋到底；

⑥ 总油门旋钮"THROTILE"左旋到底。

（7）停泵

1号泵：

① "1号泵离合"手柄扳到"脱开"位置；

② 1号泵开关"MP1"的旋钮旋到"OFF"位置；

③ 1号泵速调节旋钮"MUD PUMP 1"左旋到底，泵速为0。

2号泵：停泵的操作同1号泵，对应的是"2号泵离合"、"MP2"和"MUD PUMP 2"。此时泵的声音停止。

（8）打开节流管线阀。左手将防喷器控制箱上的"气源开关"手柄右扳到底，右手将防喷器控制箱上的"节流管线"手柄扳到"开"的位置，保持5s，此时"节流管线"的指示灯变灭，"节流管线"阀打开。

（9）关闭环形防喷器。左手将防喷器控制箱上的"气源开关"手柄右扳到底，右手将防喷器控制箱上的"环形防喷器"手柄扳到"关"的位置，保持5s，此时"环形防喷器"的指示灯变亮，"环形防喷器"关闭。

场景：此时大屏幕上显示防喷器组合中的"环形防喷器"关闭的动作。

（10）关闭上闸板防喷器。左手将防喷器控制箱上的"气源开关"手柄右扳到底，右手将防喷器控制箱上部的"闸板防喷器"手柄扳到"关"的位置，保持5s，此时"闸板防喷器"的指示灯变亮，"闸板防喷器"关闭。

场景：此时大屏幕上显示防喷器组合中的"上闸板防喷器"关闭的动作。

（11）打开环形防喷器。左手将防喷器控制箱上的"气源开关"手柄右扳到底，右手将防喷器控制箱上的"环形防喷器"手柄扳到"开"的位置，保持5s，此时"环形防喷器"的指示灯变灭，"环形防喷器"打开。

场景：此时大屏幕上显示防喷器组合中的"环形防喷器"打开的动作。

（12）关闭遥控节流阀

① 将遥控节流箱右下方的开关达到"ON"位置，此时对应指示灯"灭"；

② 将遥控节流箱下方遥控节流阀的控制手柄扳向"CHOKE CLOSE"位置，直到节流阀完全关闭，此时，遥控节流箱上的节流开度表指针指向"0"。

注：节流开度表下方的旋钮可以控制"遥控节流阀"开关的速度。

（13）记录参数。等待压力稳定，记录关井立管压力、关井套管压力以及泥浆池增量。

(14) 关井结束。关井时防喷器动作如图 2-6 所示。

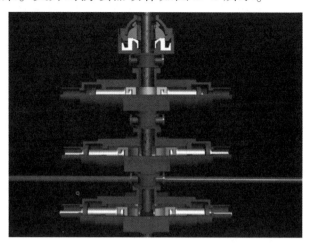

图 2-6　井控关井时防喷器动作

(15) 评分标准

① 未上提方钻杆，分数为 0；

② 先停泵，后停转，扣 10 分；

③ 停泵后，再提方钻杆，扣 10 分；

④ 节流阀与防喷器操作次序不对，扣 10 分；

⑤ 关井溢流量大于 1.5 方小于 2.0 方，扣 2 分；大于 2.0 方小于 3.0 方，扣 5 分；大于 3.0 方小于 6.0 方，扣 10 分；

⑥ 操作过程中发生井漏，扣 10 分；

⑦ 压井结束后，关井立压和关井套压不为零，扣 10 分；

⑧ 发生井喷，0 分；

⑨ 钻杆被切断，0 分；

⑩ 压井过程中每分钟记录一次井底压力，若其比地层压力小 0.3MPa，扣 1 分；若小 0.8MPa，扣 3 分；若小 1.5MPa，扣 5 分；若大 1.5MPa，扣 2 分；若大 3.0MPa，扣 5 分。

注意：每一点都判断一次，因此，如果整个操作过程井底压力始终小于地层压力，则分数会逐渐减为零。

三、正常起下钻训练

1. 初始状态

(1) 发电机打开（GEN 1 号、2 号、3 号、4 号的按钮按下）；

(2) 总离合挂合（将总离合手柄扳到"挂合"位置）；

(3) 各个防喷器都打开，"压井管线"阀和"节流管线"阀关闭，遥控节流阀开度为50%；

(4) 其他手柄都保持在"脱开"位置，开关旋到"OFF"位置，旋钮都左旋到底。

2. 操作步骤

(1) 上提钻具

① "绞车Ⅰ档、Ⅱ档"手柄扳到"Ⅰ档"或"Ⅱ档"位置；

② "主滚筒控制"手柄扳到"高速"或"低速"位置；

③ 绞车方向控制开关"DW"旋转到"UP"位置；

④ 绞车调速旋钮"DRAWWORKS"右旋到合适的位置；

⑤ 总油门旋钮"THROTILE"右旋到合适位置；

⑥ 刹把抬起，即将"工作制动"手柄保持自然状态。

场景：钻具缓慢的向上移动，直到一根立根起出转盘面。

注："绞车Ⅰ档、Ⅱ档"的"Ⅰ档"、"Ⅱ档"与"主滚筒控制"的"高速"、"低速"组合起来，共有4种上提速度。

(2) 刹把刹车，停止上提钻具

① 将"工作制动"手柄下压到底刹车；

② "绞车Ⅰ档、Ⅱ档"手柄扳到"脱开"位置；

③ "主滚筒控制"手柄扳到"脱开"位置；

④ 绞车方向控制开关"DW"旋转到"OFF"位置；

⑤ 绞车调速旋钮"DRAWWORKS"左旋到底；

⑥ 总油门旋钮"THROTILE"左旋到底。

(3) 上卡。将"气动卡瓦"手柄扳到"卡紧"位置。

场景：吊卡由钻台上移动到井口，卡住钻具。

(4) 液压大钳卸扣。将"气动旋扣器"手柄扳到"卸扣"位置。

场景：液压大钳移动到井口，卡住钻具的接头，左旋进行卸扣，卸扣结束后，液压大钳回到原位；卸扣结束后立根自动摆到立根盒。

注：液压大钳回到原位后，需要将"气动旋扣器"手柄扳到"脱开"位置。

(5) 去卡。将"气动卡瓦"手柄扳到"脱开"位置。

场景：重新回到起钻的初始状态。

(6) 重复(1)~(5)步骤可继续起钻，直到井内无钻柱。

注：完成(1)~(4)步后按接立根按钮，可进行接立根、下钻操作。

3. 接立根下钻步骤：

（1）刹把刹车。将"工作制动"手柄下压到底刹车。

（2）接立根。按司钻操作台正前面的接立根按钮实现接立根操作（此时有声音提示）。

场景：立根由立根盒到井口并与井内钻具对扣。

（3）液压大钳上扣。将"气动旋扣器"手柄扳到"上扣"位置。

场景：液压大钳移动到井口，卡住钻具的接头，右旋进行上扣，上扣结束后，液压大钳回到原位。

注：液压大钳回到原位后，需要将"气动旋扣器"手柄扳到"脱开"位置。

（4）去卡。将"气动卡瓦"手柄扳到"脱开"位置。

场景：吊卡由井口移到钻台上。

（5）下放钻具。刹把抬起，即将"工作制动"手柄保持自然状态。

场景：钻具缓慢下放，直到钻具完全进入井筒。

（6）上卡。将"气动卡瓦"手柄扳到"卡紧"位置。

（7）重复（1）~（6）步骤可以继续接立根下钻操作。起下钻如图 2-7 所示。

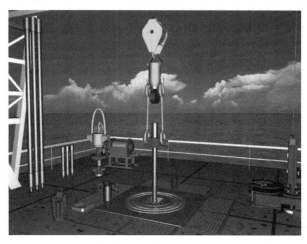

图 2-7　起下钻

四、起下钻井控训练

1. 初始状态

（1）发电机打开（GEN 1 号、2 号、3 号、4 号的按钮按下）；

（2）总离合挂合（将总离合手柄扳到"挂合"位置）；

（3）各个防喷器都打开，"压井管线"阀和"节流管线"阀关闭，遥控节流阀开度为 50%；

(4)其他手柄都保持在"脱开"位置,开关旋到"OFF"位置,旋钮都左旋到底。

(5)立管管路为通路。

2. 操作步骤

(1)上提钻具

① "绞车Ⅰ档、Ⅱ档"手柄扳到"Ⅰ档"或"Ⅱ档"位置;

② "主滚筒控制"手柄扳到"高速"或"低速"位置;

③ 绞车方向控制开关"DW"旋转到"UP"位置;

④ 绞车调速旋钮"DRAWWORKS"右旋到合适的位置;

⑤ 总油门旋钮"THROTILE"右旋到合适位置;

⑥ 刹把抬起,即将"工作制动"手柄保持自然状态。

场景:钻具缓慢的向上移动,直到一根立根起出转盘面。

注:"绞车Ⅰ档、Ⅱ档"的"Ⅰ档"、"Ⅱ档"与"主滚筒控制"的"高速"、"低速"组合起来,共有4种上提速度。

(2)刹把刹车,停止上提钻具

① 将"工作制动"手柄下压到底刹车;

② "绞车Ⅰ档、Ⅱ档"手柄扳到"脱开"位置;

③ "主滚筒控制"手柄扳到"脱开"位置;

④ 绞车方向控制开关"DW"旋转到"OFF"位置;

⑤ 绞车调速旋钮"DRAWWORKS"左旋到底;

⑥ 总油门旋钮"THROTILE"左旋到底。

(3)上卡。将"气动卡瓦"手柄扳到"卡紧"位置。

场景:吊卡由钻台上移动到井口,卡住钻具。

(4)液压大钳卸扣。将"气动旋扣器"手柄扳到"卸扣"位置。

场景:液压大钳移动到井口,卡住钻具的接头,左旋进行卸扣,卸扣结束后,液压大钳回到原位;卸扣结束后立根自动摆到立根盒。

注:液压大钳回到原位后,需要将"气动旋扣器"手柄扳到"脱开"位置。

(5)去卡。将"气动卡瓦"手柄扳到"脱开"位置,继续起钻。

场景:重新回到起钻的初始状态。

(6)重复(1)~(5)步骤可继续起钻。

(7)溢流报警、停止起钻

① 起出2根立根后溢流报警,参数显示屏上的泥浆池增量已超过$1m^3$,此时报警器鸣叫,立即按报警器,使其"长鸣"进行报警;

② 将"工作制动"手柄下压到底刹车。

（8）接立根。按司钻操作台正前面的接立根按钮实现接立根操作（此时有声音提示）。

场景：立根由立根盒到井口并与井内钻具对扣。

（9）液压大钳上扣。将"气动旋扣器"手柄扳到"上扣"位置。

场景：液压大钳移动到井口，卡住钻具的接头，右旋进行上扣，上扣结束后，液压大钳回到原位。

注：液压大钳回到原位后，需要将"气动旋扣器"手柄扳到"脱开"位置。

（10）去卡。将"气动卡瓦"手柄扳到"脱开"位置。

场景：吊卡由井口移到钻台上。

（11）下放钻具。刹把抬起，即将"工作制动"手柄保持自然状态。

场景：钻具缓慢下放，直到钻具完全进入井筒。

（12）上卡。将"气动卡瓦"手柄扳到"卡紧"位置。

（13）重复（8）~（12）步骤可以继续接立根下钻操作。

（14）接回压阀。钻具到达井底后，按司钻操作台正前面的接回压阀按钮实现接回压阀操作（此时有声音提示）。

场景：井口有溢流，回压阀由钻台移到井口并与井内钻具对扣、上扣。

（15）接方钻杆。按司钻操作台正前面的接方钻杆按钮实现接方钻杆操作（此时有声音提示）。

场景：方钻杆及水龙头由大鼠洞移到井口并与井口钻具对扣。

（16）液压大钳上扣。将"气动旋扣器"手柄扳到"上扣"位置。

场景：液压大钳移动到井口，卡住钻具的接头，右旋进行上扣，上扣结束后，液压大钳回到原位。

（17）打开节流管线阀，软关井。左手将防喷器控制箱上的"气源开关"手柄右扳到底，右手将防喷器控制箱上的"节流管线"手柄扳到"开"的位置，保持5s，此时"节流管线"的指示灯变灭，"节流管线"阀打开。

（18）关闭环形防喷器。左手将防喷器控制箱上的"气源开关"手柄右扳到底，右手将防喷器控制箱上的"环形防喷器"手柄扳到"关"的位置，保持5s，此时"环形防喷器"的指示灯变亮，"环形防喷器"关闭。

场景：此时大屏幕上显示防喷器组合中的"环形防喷器"关闭的动作。

（19）关闭上闸板防喷器。左手将防喷器控制箱上的"气源开关"手柄右扳到底，右手将防喷器控制箱上部的"闸板防喷器"手柄扳到"关"的位置，保持5s，此时"闸板防喷器"的指示灯变亮，"闸板防喷器"关闭。

场景：此时大屏幕上显示防喷器组合中的"上闸板防喷器"关闭的动作。

（20）打开环形防喷器。左手将防喷器控制箱上的"气源开关"手柄右扳到底，右手将防喷器控制箱上的"环形防喷器"手柄扳到"开"的位置，保持5s，此时"环形防喷器"的指示灯变灭，"环形防喷器"打开。

场景：此时大屏幕上显示防喷器组合中的"环形防喷器"打开的动作。

（21）关闭遥控节流阀

① 将遥控节流箱右下方的开关达到"ON"位置，此时对应指示灯"灭"。

② 将遥控节流箱下方遥控节流阀的控制手柄扳向"CHOKECLOSE"位置，直到节流阀完全关闭，此时，遥控节流箱上的节流开度表指针指向"0"。

注：节流开度表下方的旋钮可以控制"遥控节流阀"开关的速度。

（22）记录参数。等待压力稳定，记录关井立管压力、关井套管压力以及泥浆池增量。

（23）关井结束。

3. 关井后进行强下钻的操作步骤

（1）刹把刹车，关闭下闸板，打开上闸板

① 将"工作制动"手柄下压到底刹车；

② 左手将防喷器控制箱上的"气源开关"手柄右扳到底，右手将防喷器控制箱下部的"闸板防喷器"手柄扳到"关"的位置，保持5s，此时"闸板防喷器"的指示灯变亮，下闸板防喷器关闭；

③ 左手将防喷器控制箱上的"气源开关"手柄右扳到底，右手将防喷器控制箱上部的"闸板防喷器"手柄扳到"开"的位置，保持5s，此时"闸板防喷器"的指示灯变灭，上闸板防喷器打开。

（2）刹把抬起，强行下钻。将"工作制动"手柄保持自然状态，进行强行下钻，此时参数显示屏上的大钩高度在不断的减小。

（3）刹把刹车，关闭上闸板，打开下闸板

① 当大钩高度不变时，将"工作制动"手柄下压到底刹车；

② 左手将防喷器控制箱上的"气源开关"手柄右扳到底，右手将防喷器控制箱上部的"闸板防喷器"手柄扳到"关"的位置，保持5s，此时"闸板防喷器"的指示灯变亮，上闸板防喷器关闭；

③ 左手将防喷器控制箱上的"气源开关"手柄右扳到底，右手将防喷器控制箱下部的"闸板防喷器"手柄扳到"开"的位置，保持5s，此时"闸板防喷器"的指示灯变灭，下闸板防喷器打开。

（4）刹把抬起，强行下钻。将"工作制动"手柄保持自然状态，进行强行下钻,此时参数显示屏上的大钩高度在不断的减小,当大钩高度不变时,刹把刹车。

(5) 重复(1)~(4)步骤直到钻头到底。

接回压阀及接方钻杆如图2-8和图2-9所示。

图2-8　接回压阀

图2-9　接方钻杆

(6) 评分标准

① 未接回压凡尔,扣50分;

② 未接方钻杆,扣20分;

③ 节流阀与防喷器操作次序不对,扣10分;

④ 关井溢流量大于1.5方小于2.0方,扣2分;大于2.0方小于3.0方,扣5分;大于3.0方小于6.0方,扣10分;

⑤ 操作过程中发生井漏,扣10分;

⑥ 发生井喷,0分;

⑦ 钻杆被切断,0分。

五、起下钻铤井控训练

1. 初始状态

（1）发电机打开（GEN 1号、2号、3号、4号的按钮按下）；

（2）总离合挂合（将总离合手柄扳到"挂合"位置）；

（3）各个防喷器都打开，"压井管线"阀和"节流管线"阀关闭，遥控节流阀开度为50%；

（4）其他手柄都保持在"脱开"位置，开关旋到"OFF"位置，旋钮都左旋到底；

（5）立管管路为通路。

2. 操作步骤

（1）上提钻铤

① "绞车Ⅰ档、Ⅱ档"手柄扳到"Ⅰ档"或"Ⅱ档"位置；

② "主滚筒控制"手柄扳到"高速"或"低速"位置；

③ 绞车方向控制开关"DW"旋转到"UP"位置；

④ 绞车调速旋钮"DRAWWORKS"右旋到合适的位置；

⑤ 总油门旋钮"THROTILE"右旋到合适位置；

⑥ 刹把抬起，即将"工作制动"手柄保持自然状态。

场景：钻铤缓慢的向上移动，直到钻铤的接头露出转盘面。

注："绞车Ⅰ档、Ⅱ档"的"Ⅰ档"、"Ⅱ档"与"主滚筒控制"的"高速"、"低速"组合起来，共有4种上提速度。

（2）刹把刹车，停止上提钻铤

① 当钻铤接头露出后，将"工作制动"手柄下压到底刹车；

② "绞车Ⅰ档、Ⅱ档"手柄扳到"脱开"位置；

③ "主滚筒控制"手柄扳到"脱开"位置；

④ 绞车方向控制开关"DW"旋转到"OFF"位置；

⑤ 绞车调速旋钮"DRAWWORKS"左旋到底；总油门旋钮"THROTILE"左旋到底。

（3）上卡。将"气动卡瓦"手柄扳到"卡紧"位置。

场景：卡瓦及安全卡瓦由钻台上移动到井口，卡住钻具。

（4）液压大钳卸扣。将"气动旋扣器"手柄扳到"卸扣"位置。

场景：液压大钳移动到井口，卡住钻具的接头，左旋进行卸扣，卸扣结束后，液压大钳回到原位；卸扣结束后钻铤移到立根盒。

注：液压大钳回到原位后，需要将"气动旋扣器"手柄扳到"脱开"位置。

（5）溢流报警、停止起钻

① 起出 1 根钻铤后溢流报警，参数显示屏上的泥浆池增量已超过 $1m^3$，此时报警器鸣叫，立即按报警器，使其"长鸣"进行报警；

② 将"工作制动"手柄下压到底刹车。

（6）接回压阀。溢流报警后，按司钻操作台正前面的接回压阀按钮实现接回压阀操作（此时有声音提示）。

场景：井口有溢流，回压阀由钻台移到井口并与井内钻具对扣。

（7）液压大钳上扣。将"气动旋扣器"手柄扳到"上扣"位置。

场景：液压大钳移动到井口，卡住钻铤与回压阀的接头，右旋进行上扣，上扣结束后，液压大钳回到原位。

注：液压大钳回到原位后，需要将"气动旋扣器"手柄扳到"脱开"位置。

（8）接方钻杆。按司钻操作台正前面的接方钻杆按钮实现接方钻杆操作（此时有声音提示）。

场景：方钻杆及水龙头由大鼠洞移到井口并与井口钻具对扣。

（9）液压大钳上扣。将"气动旋扣器"手柄扳到"上扣"位置。

场景：液压大钳移动到井口，卡住钻具的接头，右旋进行上扣，上扣结束后，液压大钳回到原位。

（10）打开节流管线阀，软关井。左手将防喷器控制箱上的"气源开关"手柄右扳到底，右手将防喷器控制箱上的"节流管线"手柄扳到"开"的位置，保持 5s，此时"节流管线"的指示灯变灭，"节流管线"阀打开。

（11）关闭环形防喷器。左手将防喷器控制箱上的"气源开关"手柄右扳到底，右手将防喷器控制箱上的"环形防喷器"手柄扳到"关"的位置，保持 5s，此时"环形防喷器"的指示灯变亮，"环形防喷器"关闭。

场景：此时大屏幕上显示防喷器组合中的"环形防喷器"关闭的动作。

（12）关闭上闸板防喷器。左手将防喷器控制箱上的"气源开关"手柄右扳到底，右手将防喷器控制箱上部的"闸板防喷器"手柄扳到"关"的位置，保持 5s，此时"闸板防喷器"的指示灯变亮，"闸板防喷器"关闭。

场景：此时大屏幕上显示防喷器组合中的"上闸板防喷器"关闭的动作。

（13）打开环形防喷器。左手将防喷器控制箱上的"气源开关"手柄右扳到底，右手将防喷器控制箱上的"环形防喷器"手柄扳到"开"的位置，保持 5s，此时"环形防喷器"的指示灯变灭，"环形防喷器"打开。

场景：此时大屏幕上显示防喷器组合中的"环形防喷器"打开的动作。

（14）关闭遥控节流阀

① 将遥控节流箱右下方的开关达到"ON"位置，此时对应指示灯"灭"；

② 将遥控节流箱下方遥控节流阀的控制手柄扳向"CHOKECLOSE"位置，直到节流阀完全关闭，此时，遥控节流箱上的节流开度表指针指向"0"。

注：节流开度表下方的旋钮可以控制"遥控节流阀"开关的速度。

（15）记录参数。等待压力稳定，记录关井立管压力、关井套管压力以及泥浆池增量。

（16）关井结束。起下钻铤如图2-10所示。

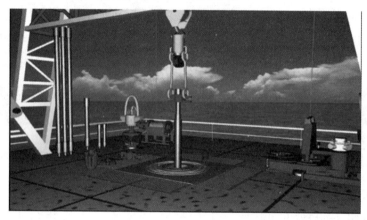

图2-10　起下钻铤

（17）评分标准

① 未接回压凡尔，扣50分；

② 未接方钻杆，扣20分；

③ 节流阀与防喷器操作次序不对，扣10分；

④ 关井溢流量大于$1.5m^3$小于$2.0m^3$，扣2分；大于$2.0m^3$小于$3.0m^3$，扣5分；大于$3.0m^3$小于$6.0m^3$，扣10分；

⑤ 操作过程中发生井漏，扣10分；

⑥ 发生井喷，0分；

⑦ 钻杆被切断，0分。

六、空井井控训练

1. 初始状态

（1）发电机打开（GEN 1号、2号、3号、4号的按钮按下）；

（2）总离合挂合（将总离合手柄扳到"挂合"位置）；

（3）各个防喷器都打开，"压井管线"阀和"节流管线"阀关闭，遥控节流阀开度为 50%；

（4）其他手柄都保持在"脱开"位置，开关旋到"OFF"位置，旋钮都左旋到底。

2. 操作步骤

（1）溢流报警。训练启动后，开始溢流，参数显示屏上的泥浆池增量超过 $1m^3$ 后开始报警，此时报警器鸣叫，立即按报警器，使其"长鸣"进行报警；

（2）打开节流管线阀。左手将防喷器控制箱上的"气源开关"手柄右扳到底，右手将防喷器控制箱上的"节流管线"手柄扳到"开"的位置，保持5s，此时"节流管线"的指示灯变灭，"节流管线"阀打开。

（3）关闭全封防喷器。左手将防喷器控制箱上的"气源开关"手柄右扳到底，右手将防喷器控制箱上的"全封防喷器"手柄扳到"关"的位置，保持5s，此时"全封防喷器"的指示灯变亮，全封防喷器关闭。

场景：此时大屏幕上显示防喷器组合中的"全封防喷器"关闭的动作。

（4）关闭遥控节流阀

① 将遥控节流箱右下方的开关达到"ON"位置，此时对应指示灯"灭"；

② 将遥控节流箱下方遥控节流阀的控制手柄扳向"CHOKE CLOSE"位置，直到节流阀完全关闭，此时，遥控节流箱上的节流开度表指针指向"0"。

注：节流开度表下方的旋钮可以控制"遥控节流阀"开关的速度。

（5）记录参数。等待压力稳定，记录关井立管压力、关井套管压力以及泥浆池增量。

（6）关井结束。空井溢流如图2-11所示。

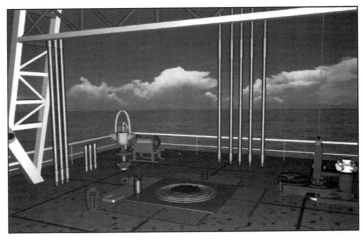

图2-11 空井溢流

七、顶驱正常钻进接立根训练

1. 初始状态

(1) 发电机打开(GEN 1号、2号、3号、4号的按钮按下);

(2) 总离合挂合(将总离合手柄扳到"挂合"位置);

(3) 各个防喷器都打开,"压井管线"阀和"节流管线"阀关闭,遥控节流阀开度为50%;

(4) 其他手柄都保持在"脱开"位置,开关旋到"OFF"位置,旋钮都左旋到底;

(5) 立管管路为通路。

2. 操作步骤

(1) 开泵

1号泵:

① "1号泵离合"手柄扳到"挂合"位置;

② 1号泵开关"MP1"的旋钮旋到"ON"位置;

③ 1号泵速调节旋钮"MUD PUMP 1"右旋,此时可以在参数显示屏上看到1号泵速逐渐变化,调到合适的泵速停止即可,此时可以听到泵运行的声音。

2号泵:其开泵的操作同1号泵,对应的是"2号泵离合"、"MP2"和"MUD PUMP 2"。

注:训练过程中可根据需要开1个泵,还是开2个泵。

(2) 顶驱开转

① 将顶驱装置上"钻井扭矩限"旋钮右旋,使其值大于100kN;

② 将顶驱装置上的"钻井转速调节"旋钮右旋,此时可以在参数显示屏上看到顶驱转速逐渐变化,调到合适的转速停止即可,此时可以听到顶驱旋转的现场声音。

场景:顶驱开始旋转,转速越大,旋转的速度越快;转速越小,旋转的速度越慢。

(3) 刹把抬起。刹把保持自然状态,此时钻压逐渐加大,钻速逐渐增大,钻头进尺逐渐增加,当钻压达到一定值(20t)时,稳定钻压,进行钻进,直到立根完全进入井筒。

场景:顶驱在旋转,顶驱和钻具逐渐的下移。

注:在此过程中,可以将"自动送钻"手柄扳到"挂合"位置,"自动送钻开关"手柄扳到"开"位置,可实现自动送钻操作,即钻压保持恒定时的钻进操作。

(4) 立根到底、刹车。立根完全进入井筒后,此时钻压为0,钻速为0,将

"工作制动"手柄下压到底刹车。

（5）顶驱停转。将顶驱装置上的"钻井转速调节"旋钮左旋到底，顶驱转速为 0。

此时顶驱停止旋转，顶驱旋转的声音停止。

（6）上卡。将"气动卡瓦"手柄扳到"卡紧"位置。

场景：卡瓦由钻台上移动到井口，卡住钻具。

（7）停泵

1 号泵：

① "1 号泵离合"手柄扳到"脱开"位置；

② 1 号泵开关"MP1"的旋钮旋到"OFF"位置；

③ 1 号泵速调节旋钮"MUD PUMP 1"左旋到底，泵速为 0。

2 号泵：停泵的操作同 1 号泵，对应的是"2 号泵离合"、"MP2"和"MUD PUMP 2"。此时泵的声音停止。

（8）背钳卸扣。将顶驱装置上的"背钳"旋钮式开关旋到"卸扣"位置，进行卸扣。

场景：背钳在卸扣，卸扣结束后，顶驱上移。

注：卸扣后，需要将"背钳"开关旋到"OFF"位置。

（9）上提顶驱

① "绞车Ⅰ档、Ⅱ档"手柄扳到"Ⅰ档"或"Ⅱ档"位置；

② "主滚筒控制"手柄扳到"高速"或"低速"位置；

③ 绞车方向控制开关"DW"旋转到"UP"位置；

④ 绞车调速旋钮"DRAWWORKS"右旋到合适的位置；

⑤ 总油门旋钮"THROTILE"右旋到合适位置；

⑥ 刹把抬起，即将"工作制动"手柄保持自然状态。

场景：顶驱缓慢的向上移动，直到顶驱上移到二层平台。

注："绞车Ⅰ档、Ⅱ档"的"Ⅰ档"、"Ⅱ档"与"主滚筒控制"的"高速"、"低速"组合起来，共有 4 种上提速度。

（10）刹把刹车，停止上提顶驱

① 将"工作制动"手柄下压到底刹车；

② "绞车Ⅰ档、Ⅱ档"手柄扳到"脱开"位置；

③ "主滚筒控制"手柄扳到"脱开"位置；

④ 绞车方向控制开关"DW"旋转到"OFF"位置；

⑤ 绞车调速旋钮"DRAWWORKS"左旋到底；

⑥ 总油门旋钮"THROTILE"左旋到底。

(11) 吊环前伸。将顶驱装置上的"吊环"旋钮式开关旋到"前伸"位置，吊环伸出去抓取立根盒内的立根。

场景：吊环前伸，抓取立根盒内的立根，并与井口钻具对扣。

注：立根与井口钻具对扣后，需要将"吊环"旋钮旋到初始位置(中间)。

(12) 背钳上扣。将顶驱装置上的"背钳"旋钮式开关旋到"上扣"位置，进行上扣。

场景：背钳在上扣。

注：上扣后，需要将"背钳"开关旋到"OFF"位置。

(13) 液压大钳上扣。将"气动旋扣器"手柄扳到"上扣"位置。

场景：液压大钳移动到小鼠洞，卡住钻具的接头，右旋进行上扣，上扣结束后，液压大钳回到原位。

注：液压大钳回到原位后，需要将"气动旋扣器"手柄扳到"脱开"位置。

(14) 去卡。将"气动卡瓦"手柄扳到"脱开"位置。

场景：卡瓦由井口移到钻台上。

(15) 开泵、顶驱开转，刹把抬起，继续钻进。顶驱正常钻进如图2-12～图2-14所示。

图2-12　顶驱正常钻进

图2-13　吊环前倾抓立根

图 2-14 顶驱接立根

八、顶驱正常钻进井控训练

1. 初始状态

（1）发电机打开（GEN 1号、2号、3号、4号的按钮按下）；

（2）总离合挂合（将总离合手柄扳到"挂合"位置）；

（3）各个防喷器都打开，"压井管线"阀和"节流管线"阀关闭，遥控节流阀开度为50%；

（4）其他手柄都保持在"脱开"位置，开关旋到"OFF"位置，旋钮都左旋到底；

（5）立管管路为通路。

2. 操作步骤

（1）开泵

1号泵：

① "1号泵离合"手柄扳到"挂合"位置

② 1号泵开关"MP1"的旋钮旋到"ON"位置；

③ 1号泵速调节旋钮"MUD PUMP 1"右旋，此时可以在参数显示屏上看到1号泵速逐渐变化，调到合适的泵速停止即可，此时可以听到泵运行的声音。

2号泵：其开泵的操作同1号泵，对应的是"2号泵离合"、"MP2"和"MUD PUMP 2"。

注：训练过程中可根据需要开1个泵，还是开2个泵。

（2）顶驱开转

① 将顶驱装置上"钻井扭矩限"旋钮右旋，使其值大于100kN；

② 将顶驱装置上的"钻井转速调节"旋钮右旋，此时可以在参数显示屏上看到顶驱转速逐渐变化，调到合适的转速停止即可，此时可以听到顶驱旋转的现场声音。

场景：顶驱开始旋转，转速越大，旋转的速度越快；转速越小，旋转的速度越慢。

（3）刹把抬起。刹把保持自然状态，此时钻压逐渐加大，钻速逐渐增大，钻头进尺逐渐增加，当钻压达到一定值（20t）时，稳定钻压，进行钻进。

场景：顶驱在旋转，顶驱及钻具逐渐的下移。

（4）溢流报警、停止钻进

① 钻头进尺1m后开始溢流，参数显示屏上的泥浆池增量超过1m³后开始报警，此时蜂鸣器鸣叫，立即按报警器，使其"长鸣"进行报警；

② 将"工作制动"手柄下压到底刹车。

（5）顶驱停转。将顶驱装置上的"钻井转速调节"旋钮左旋到底，顶驱转速为0。

此时顶驱停止旋转，顶驱旋转的声音停止。

（6）上提顶驱及钻具

① "绞车Ⅰ档、Ⅱ档"手柄扳到"Ⅰ档"或"Ⅱ档"位置；

② "主滚筒控制"手柄扳到"高速"或"低速"位置；

③ 绞车方向控制开关"DW"旋转到"UP"位置；

④ 绞车调速旋钮"DRAWWORKS"右旋到合适的位置；

⑤ 总油门旋钮"THROTILE"右旋到合适位置；

⑥ 刹把抬起，即将"工作制动"手柄保持自然状态。

场景：钻具缓慢的向上移动，直到立根的接头露出钻台平面。

注："绞车Ⅰ档、Ⅱ档"的"Ⅰ档"、"Ⅱ档"与"主滚筒控制"的"高速"、"低速"组合起来，共有4种上提速度。

（7）刹把刹车，停止上提

① 当立根接头露出钻台平面后，将"工作制动"手柄下压到底刹车；

② "绞车Ⅰ档、Ⅱ档"手柄扳到"脱开"位置；

③ "主滚筒控制"手柄扳到"脱开"位置；

④ 绞车方向控制开关"DW"旋转到"OFF"位置；

⑤ 绞车调速旋钮"DRAWWORKS"左旋到底；

⑥ 总油门旋钮"THROTILE"左旋到底。

（8）停泵

1号泵：

① "1号泵离合"手柄扳到"脱开"位置；

② 1号泵开关"MP1"的旋钮旋到"OFF"位置；

③ 1号泵速调节旋钮"MUD PUMP 1"左旋到底，泵速为0。

2号泵：停泵的操作同1号泵，对应的是"2号泵离合"、"MP2"和"MUD PUMP 2"。此时泵的声音停止。

（9）打开节流管线阀。左手将防喷器控制箱上的"气源开关"手柄右扳到底，右手将防喷器控制箱上的"节流管线"手柄扳到"开"的位置，保持5s，此时"节流管线"的指示灯变灭，"节流管线"阀打开。

（10）关闭环形防喷器。左手将防喷器控制箱上的"气源开关"手柄右扳到底，右手将防喷器控制箱上的"环形防喷器"手柄扳到"关"的位置，保持5s，此时"环形防喷器"的指示灯变亮，"环形防喷器"关闭。

场景：此时大屏幕上显示防喷器组合中的"环形防喷器"关闭的动作。

（11）关闭上闸板防喷器。左手将防喷器控制箱上的"气源开关"手柄右扳到底，右手将防喷器控制箱上部的"闸板防喷器"手柄扳到"关"的位置，保持5s，此时"闸板防喷器"的指示灯变亮，"闸板防喷器"关闭。

场景：此时大屏幕上显示防喷器组合中的"上闸板防喷器"关闭的动作。

（12）打开环形防喷器。左手将防喷器控制箱上的"气源开关"手柄右扳到底，右手将防喷器控制箱上的"环形防喷器"手柄扳到"开"的位置，保持5s，此时"环形防喷器"的指示灯变灭，"环形防喷器"打开。

场景：此时大屏幕上显示防喷器组合中的"环形防喷器"打开的动作。

（13）关闭遥控节流阀

① 将遥控节流箱右下方的开关达到"ON"位置，此时对应指示灯"灭"。

② 将遥控节流箱下方遥控节流阀的控制手柄扳向"CHOKE CLOSE"位置，直到节流阀完全关闭，此时，遥控节流箱上的节流开度表指针指向"0"。

注：节流开度表下方的旋钮可以控制"遥控节流阀"开关的速度。

（14）记录参数。等待压力稳定，记录关井立管压力、关井套管压力以及泥浆池增量。

（15）关井结束。

（16）评分标准

① 未上提钻具，分数为0；

② 先停泵后停转，扣10分；

③ 停泵后再提钻具，扣10分；

④ 节流阀与防喷器操作次序不对，扣10分；

⑤ 关井溢流量大于1.5方小于2.0方，扣2分；大于2.0方小于3.0方，扣5分；大于3.0方小于6.0方，扣10分；

⑥ 操作过程中发生井漏，扣 10 分；

⑦ 压井结束后，关井立压和套压不为零，扣 10 分；

⑧ 发生井喷，0 分；

⑨ 钻杆被切断，0 分；

⑩ 压井过程中每分钟记录一次井底压力，若其比地层压力小 0.3MPa，扣 1 分；若小 0.8MPa，扣 3 分；若小 1.5MPa，扣 5 分；若大 1.5MPa，扣 2 分；若大 3.0MPa，扣 5 分。

注意：每一点都判断一次，因此，如果整个操作过程井底压力始终小于地层压力，则分数会逐渐减为零。

九、顶驱正常起下钻训练

1. 初始状态

(1) 发电机打开（GEN 1 号、2 号、3 号、4 号的按钮按下）；

(2) 总离合挂合（将总离合手柄扳到"挂合"位置）；

(3) 各个防喷器都打开，"压井管线"阀和"节流管线"阀关闭，遥控节流阀开度为 50%；

(4) 其他手柄都保持在"脱开"位置，开关旋到"OFF"位置，旋钮都左旋到底。

2. 顶驱起钻操作步骤

(1) 上提钻具

① "绞车Ⅰ档、Ⅱ档"手柄扳到"Ⅰ档"或"Ⅱ档"位置；

② "主滚筒控制"手柄扳到"高速"或"低速"位置；

③ 绞车方向控制开关"DW"旋转到"UP"位置；

④ 绞车调速旋钮"DRAWWORKS"右旋到合适的位置；

⑤ 总油门旋钮"THROTILE"右旋到合适位置；

⑥ 刹把抬起，即将"工作制动"手柄保持自然状态。

场景：钻具缓慢的向上移动，直到一根立根起出转盘面。

注："绞车Ⅰ档、Ⅱ档"的"Ⅰ档"、"Ⅱ档"与"主滚筒控制"的"高速"、"低速"组合起来，共有 4 种上提速度。

(2) 刹把刹车，停止上提钻具

① 将"工作制动"手柄下压到底刹车；

② "绞车Ⅰ档、Ⅱ档"手柄扳到"脱开"位置；

③ "主滚筒控制"手柄扳到"脱开"位置；

④ 绞车方向控制开关"DW"旋转到"OFF"位置；

⑤ 绞车调速旋钮"DRAWWORKS"左旋到底；

⑥ 总油门旋钮"THROTILE"左旋到底。

(3) 上卡。将"气动卡瓦"手柄扳到"卡紧"位置。

场景：吊卡由钻台上移动到井口，卡住钻具。

(4) 液压大钳卸扣。将"气动旋扣器"手柄扳到"卸扣"位置。

场景：液压大钳移动到井口，卡住钻具的接头，左旋进行卸扣，卸扣结束后，液压大钳回到原位；卸扣结束后立根自动摆到立根盒。

注：液压大钳回到原位后，需要将"气动旋扣器"手柄扳到"脱开"位置。

(5) 吊环前伸。将顶驱装置上的"吊环"旋钮式开关旋到"前伸"位置，吊环伸出去释放立根。

场景：吊环前伸，释放立根，立根摆到立根盒内。

(6) 顶驱下放。刹把抬起，即将"工作制动"手柄保持自然状态。

场景：顶驱缓慢下放到井口，并与井口钻具对扣、上扣。

(7) 去卡。将"气动卡瓦"手柄扳到"脱开"位置。

场景：卡瓦由井口移到钻台上，回到起钻的初始状态。

(8) 重复(1)~(7)步骤可继续起立根，直到井内无钻柱。

注：当起出几个立根后，并且顶驱在二层平台处，按接立根按钮，可进行接立根、下钻操作。

3. 顶驱接立根下钻步骤

(1) 刹把刹车。将"工作制动"手柄下压到底刹车。

(2) 接立根。按司钻操作台正前面的接立根按钮实现接立根操作(此时有声音提示)。

(3) 吊环前伸。将顶驱装置上的"吊环"旋钮式开关旋到"前伸"位置，吊环伸出去抓取立根盒内的立根。

场景：吊环前伸，抓取立根盒内的立根，并与井口钻具对扣。

(4) 液压大钳上扣。将"气动旋扣器"手柄扳到"上扣"位置。

场景：液压大钳移动到井口，卡住钻具的接头，右旋进行上扣，上扣结束后，液压大钳回到原位。

注：液压大钳回到原位后，需要将"气动旋扣器"手柄扳到"脱开"位置。

(5) 去卡。将"气动卡瓦"手柄扳到"脱开"位置。

场景：吊卡由井口移到钻台上。

(6) 下放立根。刹把抬起，即将"工作制动"手柄保持自然状态。

场景：立根缓慢下放，直到立根完全进入井筒。

（7）上卡。将"气动卡瓦"手柄扳到"卡紧"位置。

（8）上提顶驱

① "绞车Ⅰ档、Ⅱ档"手柄扳到"Ⅰ档"或"Ⅱ档"位置；

② "主滚筒控制"手柄扳到"高速"或"低速"位置；

③ 绞车方向控制开关"DW"旋转到"UP"位置；

④ 绞车调速旋钮"DRAWWORKS"右旋到合适的位置；

⑤ 总油门旋钮"THROTILE"右旋到合适位置；

⑥ 刹把抬起，即将"工作制动"手柄保持自然状态。

场景：顶驱缓慢的向上移动，直到上升到二层平台。

注："绞车Ⅰ档、Ⅱ档"的"Ⅰ档"、"Ⅱ档"与"主滚筒控制"的"高速"、"低速"组合起来，共有4种上提速度。

（9）刹把刹车，停止上提顶驱

① 将"工作制动"手柄下压到底刹车；

② "绞车Ⅰ档、Ⅱ档"手柄扳到"脱开"位置；

③ "主滚筒控制"手柄扳到"脱开"位置；

④ 绞车方向控制开关"DW"旋转到"OFF"位置；

⑤ 绞车调速旋钮"DRAWWORKS"左旋到底；

⑥ 总油门旋钮"THROTILE"左旋到底。

（10）重复(1)～(9)步骤可以继续接立根下钻操作。

顶驱起下钻如图2-15所示。

图2-15 顶驱起下钻

十、顶驱起下钻井控训练

1. 初始状态

(1) 发电机打开(GEN 1号、2号、3号、4号的按钮按下);

(2) 总离合挂合(将总离合手柄扳到"挂合"位置);

(3) 各个防喷器都打开,"压井管线"阀和"节流管线"阀关闭,遥控节流阀开度为50%;

(4) 其他手柄都保持在"脱开"位置,开关旋到"OFF"位置,旋钮都左旋到底。

(5) 立管管路为通路。

2. 操作步骤

(1) 上提钻具

① "绞车Ⅰ档、Ⅱ档"手柄扳到"Ⅰ档"或"Ⅱ档"位置;

② "主滚筒控制"手柄扳到"高速"或"低速"位置;

③ 绞车方向控制开关"DW"旋转到"UP"位置;

④ 绞车调速旋钮"DRAWWORKS"右旋到合适的位置;

⑤ 总油门旋钮"THROTILE"右旋到合适位置;

⑥ 刹把抬起,即将"工作制动"手柄保持自然状态。

场景:钻具缓慢的向上移动,直到一根立根起出转盘面。

注:"绞车Ⅰ档、Ⅱ档"的"Ⅰ档"、"Ⅱ档"与"主滚筒控制"的"高速"、"低速"组合起来,共有4种上提速度。

(2) 刹把刹车,停止上提钻具

① 将"工作制动"手柄下压到底刹车;

② "绞车Ⅰ档、Ⅱ档"手柄扳到"脱开"位置;

③ "主滚筒控制"手柄扳到"脱开"位置;

④ 绞车方向控制开关"DW"旋转到"OFF"位置;

⑤ 绞车调速旋钮"DRAWWORKS"左旋到底;

⑥ 总油门旋钮"THROTILE"左旋到底。

(3) 上卡。将"气动卡瓦"手柄扳到"卡紧"位置。

场景:吊卡由钻台上移动到井口,卡住钻具。

(4) 液压大钳卸扣。将"气动旋扣器"手柄扳到"卸扣"位置。

场景：液压大钳移动到井口，卡住钻具的接头，左旋进行卸扣，卸扣结束后，液压大钳回到原位；卸扣结束后立根自动摆到立根盒。

注：液压大钳回到原位后，需要将"气动旋扣器"手柄扳到"脱开"位置。

（5）吊环前伸。将顶驱装置上的"吊环"旋钮式开关旋到"前伸"位置，吊环伸出去释放立根。

场景：吊环前伸，释放立根，立根摆到立根盒内。

（6）顶驱下放。刹把抬起，即将"工作制动"手柄保持自然状态。

场景：顶驱缓慢下放到井口，并与井口钻具对扣、上扣。

（7）去卡。将"气动卡瓦"手柄扳到"脱开"位置。

场景：卡瓦由井口移到钻台上，回到起钻的初始状态。

（8）重复(1)~(7)步骤可继续起钻。

（9）溢流报警、停止起钻

① 起出2根立根后溢流报警，参数显示屏上的泥浆池增量已超过$1m^3$，此时蜂鸣器鸣叫，立即按报警器，使其"长鸣"进行报警；

② 将"工作制动"手柄下压到底刹车；

（10）接立根。当顶驱在二层台上时，按司钻操作台正前面的接立根按钮实现接立根操作(此时有声音提示)。

（11）吊环前伸。将顶驱装置上的"吊环"旋钮式开关旋到"前伸"位置，吊环伸出去抓取立根盒内的立根。

场景：吊环前伸，抓取立根盒内的立根，并与井口钻具对扣。

（12）液压大钳上扣。将"气动旋扣器"手柄扳到"上扣"位置。

场景：液压大钳移动到井口，卡住钻具的接头，右旋进行上扣，上扣结束后，液压大钳回到原位。

注：液压大钳回到原位后，需要将"气动旋扣器"手柄扳到"脱开"位置。

（13）去卡。将"气动卡瓦"手柄扳到"脱开"位置。

场景：吊卡由井口移到钻台上。

（14）下放立根。刹把抬起，即将"工作制动"手柄保持自然状态。

场景：立根缓慢下放，直到立根完全进入井筒。

（15）上卡。将"气动卡瓦"手柄扳到"卡紧"位置。

场景：卡瓦由钻台移到井口将井口钻具卡住。

（16）上提顶驱

① "绞车Ⅰ档、Ⅱ档"手柄扳到"Ⅰ档"或"Ⅱ档"位置；
② "主滚筒控制"手柄扳到"高速"或"低速"位置；
③ 绞车方向控制开关"DW"旋转到"UP"位置；
④ 绞车调速旋钮"DRAWWORKS"右旋到合适的位置；
⑤ 总油门旋钮"THROTILE"右旋到合适位置；
⑥ 刹把抬起，即将"工作制动"手柄保持自然状态。

场景：顶驱缓慢的向上移动，直到上升到二层平台。

注："绞车Ⅰ档、Ⅱ档"的"Ⅰ档"、"Ⅱ档"与"主滚筒控制"的"高速"、"低速"组合起来，共有4种上提速度。

(17) 刹把刹车，停止上提顶驱
① 将"工作制动"手柄下压到底刹车；
② "绞车Ⅰ档、Ⅱ档"手柄扳到"脱开"位置；
③ "主滚筒控制"手柄扳到"脱开"位置；
④ 绞车方向控制开关"DW"旋转到"OFF"位置；
⑤ 绞车调速旋钮"DRAWWORKS"左旋到底；
⑥ 总油门旋钮"THROTILE"左旋到底。

(18) 重复(10)~(17)步骤可以继续接立根下钻操作。

(19) 接回压阀。钻头到达井底后，按司钻操作台正前面的接回压阀按钮实现接回压阀操作(此时有声音提示)。

场景：井口有溢流，回压阀从钻台移到井口并与井内钻具对扣、上扣。

(20) 接顶驱。按司钻操作台正前面的接顶驱按钮实现接顶驱操作(此时有声音提示)。

场景：顶驱由二层台下移到井口并与井口钻具对扣、上扣。

(21) 打开节流管线阀，软关井。左手将防喷器控制箱上的"气源开关"手柄右扳到底，右手将防喷器控制箱上的"节流管线"手柄扳到"开"的位置，保持5s，此时"节流管线"的指示灯变灭，"节流管线"阀打开。

(22) 关闭环形防喷器。左手将防喷器控制箱上的"气源开关"手柄右扳到底，右手将防喷器控制箱上的"环形防喷器"手柄扳到"关"的位置，保持5s，此时"环形防喷器"的指示灯变亮，"环形防喷器"关闭。

场景：此时大屏幕上显示防喷器组合中的"环形防喷器"关闭的动作。

(23) 关闭上闸板防喷器。左手将防喷器控制箱上的"气源开关"手柄右扳到底，右手将防喷器控制箱上部的"闸板防喷器"手柄扳到"关"的位置，保持5s，此时"闸板防喷器"的指示灯变亮，"闸板防喷器"关闭。

场景：此时大屏幕上显示防喷器组合中的"上闸板防喷器"关闭的动作。

（24）打开环形防喷器。左手将防喷器控制箱上的"气源开关"手柄右扳到底，右手将防喷器控制箱上的"环形防喷器"手柄扳到"开"的位置，保持5s，此时"环形防喷器"的指示灯变灭，"环形防喷器"打开。

场景：此时大屏幕上显示防喷器组合中的"环形防喷器"打开的动作。

（25）关闭遥控节流阀

① 将遥控节流箱右下方的开关达到"ON"位置，此时对应指示灯"灭"；

② 将遥控节流箱下方遥控节流阀的控制手柄扳向"CHOKE CLOSE"位置，直到节流阀完全关闭，此时，遥控节流箱上的节流开度表的指针指向"0"。

注：节流开度表下方的旋钮可以控制"遥控节流阀"开关的速度。

（26）记录参数。等待压力稳定，记录关井立管压力、关井套管压力以及泥浆池增量。

（27）关井结束。顶驱起下钻井控接回压阀及接顶驱如图2-16和图2-17所示。

图2-16 顶驱井控接回压阀

图2-17 接顶驱

（28）评分标准

① 未接回压凡尔，扣50分；

② 未接顶驱，扣 20 分；

③ 节流阀与防喷器操作次序不对，扣 10 分；

④ 关井溢流量大于 1.5 方小于 2.0 方，扣 2 分；大于 2.0 方小于 3.0 方，扣 5 分；大于 3.0 方小于 6.0 方，扣 10 分；

⑤ 操作过程中发生井漏，扣 10 分；

⑥ 发生井喷，0 分；

⑦ 钻杆被切断，0 分。

第三章 压井实训

在压井模拟操作中，系统不仅提供了常规井控压井的司钻法、工程师法和边循环边加重法的工艺流程，而且提供了非常规井控压井的体积法、直推法和置换法的工艺流程，使学员直接体验压井过程中利用节流控制阀控制立压及套压的方法。

第一节 工程师法压井

操作步骤

1. 结束关井训练

关井结束后，待关井立压、套压稳定后，教师点击程序中的结束快捷按钮，结束关井训练，此时有声音提示。

2. 压井准备

（1）点击主程序中的快捷按钮，在弹出的对话框中输入压井泥浆密度（1.45g/cm³）和压井泵冲（40 冲/min），此时有声音提示；

（2）将节流管汇中遥控管路设置为通路。

3. 压井训练开始

点击主程序中的快捷按钮，启动压井训练，有声音提示（工程师法压井训练开始）。

4. 累计泵冲清零

将遥控节流箱上的累计泵冲开关打到"计数"位置上，并按动累计泵冲计数器的"复位"按钮，将计数器的值清零。

5. 调节遥控节流阀及压井泵速

将遥控节流箱左下方的控制开关打到"ON"位置，操作遥控节流阀的手柄使遥控节流阀缓慢的打开一点，同时开泵，并且将泵速缓慢调节到压井泵速（40 冲/min）。

6. 压井

通过调节遥控节流箱上"节流阀控制手柄"控制节流阀开度，使立管压力与压井累计泵冲按压井施工单中泵冲数和立压之间的关系变化，直到重泥浆到达钻头。

7. 调节节流阀，使立压不变

当重泥浆到达钻头后，控制节流阀的开度，保持终了压力不变，直到重泥浆返出地面。

8. 压井结束

重泥浆返出地面后，停止压井操作，关井观察立管压力和套管压力是否为零，记录累计泵冲；点击程序中的结束快捷按钮，结束本次训练。

9. 打印压井曲线和分数

第二节 司钻法压井

操作步骤

1. 结束关井训练

关井结束后，待关井立压、套压稳定后，教师点击程序中的结束快捷按钮，结束关井训练，此时有声音提示。

2. 压井准备

（1）点击主程序中压井准备快捷按钮，在弹出的对话框中输入压井泵冲（40 冲/min），此时有声音提示。

（2）将节流管汇中遥控管路设置为通路。

3. 一次循环开始

点击主程序中的启动快捷按钮，启动压井训练，有声音提示（司钻法压井训练开始）。

4. 开泵

将1号泵离合手柄扳到"挂合"位置，并将泵开关"MP1"的旋钮旋到"ON"位置，泵速调节旋钮"MUD PUMP 1"缓慢右旋，此时可以在参数显示屏上看到1号泵速逐渐变化，调到压井泵速40冲/min停止即可，此时可以听到泵运行的声音。

5. 调节遥控节流阀，使立压稳定

调节遥控节流阀的开度，使得立压=关井立压+压井泵速压力，直到侵入流体返出地面。

6. 停泵关井

将泵离合脱开，泵开关打到"OFF"位置，并将泵速调节旋钮左旋到底，使泵速为0；同时将调节遥控节流阀，使其开度为0，此时立压和套压相等。

7. 二次循环开始

点击主程序中的 Pm 快捷按钮，在弹出的对话框中输入压井泥浆密度（1.45g/cm³）。

8. 累计泵冲清零

将遥控节流箱上的累计泵冲开关打到"计数"位置上，并按累计泵冲计数器的"复位"按钮，将计数器的值清零。

9. 调节遥控节流阀及压井泵速

将遥控节流箱左下方的控制开关打到"ON"位置，操作遥控节流阀的手柄使遥控节流阀缓慢的打开一点，同时开泵，并且将泵速缓慢调节到压井泵速（40冲/min）。

10. 压井

通过调节遥控节流箱上"节流阀控制手柄"控制节流阀开度，使立管压力与压井累计泵冲按压井施工单中泵冲数和立压之间的关系变化，直到重泥浆到达钻头。

11. 调节节流阀，使立压不变

当重泥浆到达钻头后，控制节流阀的开度，保持终了压力不变，直到重泥浆返出地面。

12. 压井结束

重泥浆返出地面后，停止压井操作，关井观察立管压力和套管压力是否为零，记录累计泵冲；点击程序中的结束快捷按钮，结束本次训练。

13. 打印压井曲线和分数

第三节　边循环边加重法压井

操作步骤

（1）关井结束后，待关井立压、套压稳定后，教师点击程序中的结束快捷按钮，结束关井训练；

（2）点击主程序中的压井准备快捷按钮，输入压井泵冲，并将节流管汇中遥控管路设置为通路；

（3）点击主程序中的启动快捷按钮，启动压井训练；

（4）开泵使用原浆循环，在保持套管压力不变时，调节泵速达到压井泵速；

（5）调节遥控节流阀，使得泵压=关井立压+压井泵速压力，直到侵入流体返出地面；

（6）停泵关井，此时立压和套压相同；

（7）点击主程序中的Pm快捷按钮输入压井泥浆密度；

（8）开泵，调节遥控节流阀，使立管压力按指定冲数变化；

（9）重复（7）、（8）步骤直到重泥浆到达地面，记录压井过程参数；

（10）重泥浆返出地面后，停止压井操作，关井观察立管压力和套管压力是否为零；

（11）压井结束后，点击程序中的结束快捷按钮，结束本次训练。

第四节　体积法压井

关井放压后，气体膨胀到井口，此时可用1号泵向环空内泵入重泥浆，等泥浆落下后，放掉一些气体。重复这个过程，直到把井压住。

操作步骤

（1）显示溢流画面后，首先关全封防喷器；

（2）关井结束后，5min后气体漂移，套压逐渐增加；

（3）压力上升到一定数值后，开节流阀放压，压力下降到一定数值后，关节流阀；

（4）压力又开始增加，重复步骤（3）直到气体漂移到井口；

（5）打开压井管线上的两个阀门，使得压井管线为通路；

（6）挂合1号泵离合器，调节泵速；若未开压井管线阀，将出现'蹩泵'故障报警；

（7）在节流阀关闭情况下，向井内慢速泵入重泥浆，此时，每循环一次压力增加0.02MPa；

（8）压力增加到一定值后，停泵，打开节流阀放压。此时放出的是气体，而泵入的重泥浆逐渐落入井底；

（9）重复（6）~（8）步骤直到套压为0，将井压住；

（10）压井结束后，点击程序中的结束快捷按钮，结束本次训练。

注意：实际仿真时，该现象较快，即开阀一会儿，认为泥浆即落入井底。此时井口压力将随着泵入泥浆的增加而逐渐减小，直至最后将井压住。

第五节 直推法压井

直推法压井一般用于气侵严重或含 H_2S 的空井压井，该压井方法就是在井口加压将溢流包括部分泥浆压回到井内薄弱地层。

操作步骤

(1) 显示溢流画面后，首先关全封防喷器；
(2) 打开压井管线上的两个阀门，使得压井管线为通路；
(3) 挂合 1 号泵离合器，调节泵速达到压井泵速；若未开压井管线阀，将出现'蹩泵'故障报警；
(4) 向井内慢速泵入重泥浆，此时，每循环一次压力增加 0.02MPa；
(5) 压力增加到一定值后，停泵，打开节流阀放压；
(6) 重复(4)、(5)步骤直到地层流体被压入地层；
(7) 压井结束后，点击程序中的结束快捷按钮，结束本次训练。

第六节 置换法压井

操作步骤

(1) 显示溢流画面后，气体已漂移到井口，关全封防喷器；
(2) 打开压井管线上的两个阀门，使得压井管线为通路；
(3) 挂合 1 号泵离合器，调节泵速；若未开压井管线阀，将出现'蹩泵'故障报警；
(4) 在节流阀关闭情况下，向井内慢速泵入重泥浆，此时，每循环一次压力增加 0.02MPa；
(5) 压力增加到一定值后，停泵，打开节流阀放压。此时放出的是气体，而泵入的重泥浆逐渐落入井底；
(6) 重复(3)~(5)步骤直到套压为 0，将井压住；
(7) 压井结束后，点击程序中的结束快捷按钮，结束本次训练。

第二部分
采油模块

第四章 抽油机仿真实训系统

第一节 常用工具

常用工具、管阀、配件的识别及使用、保养如下。

1. 管钳

管钳规格是指管钳合口时的整体长度,如人们常说的"600mm(24in)、900mm(36in)、1200mm(48in)"就是指的管钳长度(见图4-1),常用的管钳规格如表4-1所示。

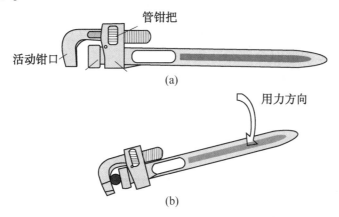

图4-1 管钳及使用示意图

表4-1 常用管钳技术规范

管钳规格/mm(in)	使用范围/mm	可钳管子最大直径/mm
450(18)	40以下	60
600(24)	50~62	75
900(36)	62~76	85
1200(48)	76~100	110

管钳使用注意事项:

(1)要选择合适的规格;

(2)钳头开口要等于工件的直径;

（3）钳头要卡紧工件后再用力扳，防止打滑伤人；

（4）用加力杆时长度要适当，不能用力过猛或超过管钳允许强度；

（5）管钳牙和调节环要保持清洁。

2. 扳手

扳手主要用来紧固和拆卸零部件，通常有四种类型，即梅花扳手、套筒扳手、活动扳手和呆型扳手等。

（1）梅花扳手。梅花扳手的扳头是一个封闭的梅花形，如图4-2所示。当螺母和螺栓头的周围空间狭小，不能容纳普通扳手时，就采用这种扳手。梅花扳手常用的规格有：14~17mm、17~19mm、22~24mm、24~27mm、30~32mm等。

图4-2 梅花扳手示意图

梅花扳手可以在扳手转角小于60°的情况下，一次一次地扭动螺母。使用时一定要选配好规格，使用时被扭螺母和梅花扳手的规格尺寸相符，不能松动打滑，否则会将梅花菱角啃坏。使用扳手时不能用加力杆，不能用手锤敲打扳手柄，扳手头的梅花沟槽内不能有污垢。

（2）套筒扳手。当螺母或螺栓头的空间位置有限，用普通扳手不能工作时，就需采用套筒扳手，如图4-3所示。

图4-3 套筒扳手组成图

使用套筒扳手的方法是：

① 根据被扭件选规格，将扳手头套在被扭件上；

② 根据被扭件所在位置大小选择合适的手柄；

③ 扭动前必须把手柄接头安装稳定才能用力，防止打滑脱落伤人；

④ 扭动手柄时用力要平稳，用力方向与被扭件的中心轴线垂直。

（3）活动扳手。活动扳手又叫活络扳手，其开口宽度可以调节，能扳一定尺寸范围内的螺栓或螺母。活动扳手是用来紧固和拧松螺母的一种专用工具，如图4-4所示。

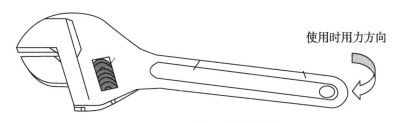

图 4-4 活动扳手示意图

活动扳手由头部和柄部组成,而头部则由活络扳唇、呆扳唇、扳口、蜗轮和轴销等构成。旋动蜗轮就可调节扳口的大小。

常用的活动扳手有 150mm、200mm、250mm、300mm 四种规格,如表 4-2 所示。由于它的开口尺寸可以在规定范围内任意调节,所以特别适于在螺栓规格多的场合使用。使用时,应将扳唇紧压螺母的平面。扳动大螺母时,手应握在接近手柄尾处。扳动较小的螺母时,手应握在接近头部的位置。施力时手指可随时旋调蜗轮,收紧活络扳唇,以防打滑。

表 4-2 常用活动扳手的规格

长度/mm	100	150	200	250	300	350	375	450	600
开口最大宽度/mm	14	19	24	30	36	41	46	55	65

活动扳手的使用注意事项如下:

① 活动扳手不可反用,以免损坏活动扳唇,也不可用钢管接长手柄来施加较大的力矩;

② 活动扳手不可当作撬棒或手锤使用。

(4) 呆型扳手。呆型扳手是一种固定尺寸的专用工具,如图 4-5 所示,呆型扳手主要是干专项工作用的,在扭矩较大时,可与手锤配合使用。

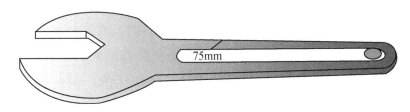

图 4-5 呆型扳手示意图

使用注意事项:在需要较大力量时,不能打滑、砸手、更不能用过大的手锤敲击。

(5)"F"型扳手。"F"型扳手是采油工人在生产实践中"发明"出来的,如图 4-6 所示,是由钢筋棍直接焊接而成的,主要应用于闸门的开关操作,是非常简单好用的专用工具。其规格通常为前后力臂距 150mm,力臂杆长 100mm,

总长是 600~700mm。

图 4-6 "F"型扳手及其使用示意图

"F"型扳手使用时，应把两个力臂插入阀门手轮内，在确认卡好后，可用力开关操作，注意的是：在开压力较高的阀门时一定要按照如图 4-6(b)所示进行操作，以防止丝杆打出伤人。

3. 手钢锯

手钢锯是用来割锯金属管件等的，其结构和使用方法如图 4-7 所示。

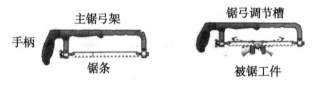

图 4-7 手钢锯及其使用示意图

（1）手钢锯由锯弓和锯条组成。按安装锯条的方式，它可分为可调式和固定式两种。固定式锯弓只能安装一种长度的锯条，可调式锯弓通过调整可安装多种长度的锯条。安装时锯条齿方向一定要正确。

（2）锯条的正确选用。锯条根据锯齿齿距的大小，分为细齿(1.1mn)、中齿(1.14mm)和粗齿(1.8m)三种，可根据所锯材料的软硬、厚薄选用。锯割软材料(如紫铜、青铜、铅、铸铁、低碳钢和中碳钢等)或较厚的材料时，应选用粗齿锯条；锯割硬材料或较薄的材料(如工具钢、合金钢、管子、薄钢板、角铁等)时，应选用细齿锯条。一般来说，锯割薄材料时，在锯割截面上至少应有三个锯齿同时参加锯割。这样，就可防止锯齿被钩住或崩断。

（3）锯条安装。手钢锯是在前推时才起切削作用的，因此安装锯条时应使齿尖的方向朝前。调整锯条松紧度时，蝶形螺母不宜旋得太紧或太松，旋得太紧，锯条受力过大，在锯割中用力稍有不当，锯条就会折断；旋得太松，锯割时锯条容易扭曲，也易折断，并且锯缝也容易歪斜。检查锯条松紧度，可用手扳动锯条，手感觉硬实即可。

4. 压力钳

压力钳是套扣，切割金属管子、维修设备零件时所必需的夹传工具，如图 4-8 所示。

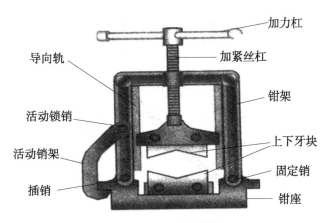

图 4-8 压力钳结构

(1) 学习目标

① 掌握压力钳结构、作用。技术规范,使用方法和注意事项;

② 会正确使用压力钳,以保证套扣和割锯等工作的顺利进行。

(2) 压力钳的作用。压力钳是用来夹持金属管,以便进行套扣和锯割的常用工具。

压力钳的技术规范见表 4-3。

表 4-3 压力钳技术规范

型 号	夹持管子最大外径/mm	型 号	夹持管子最大外径/mm
1	70	4	150
2	90	5	200
3	110	6	250

(3) 压力钳的结构。压力钳由底座、固定销、上下牙块、钳架、加紧丝杠、加力杆、导向轨、活动锁销、活动销架、插销组成。

(4) 压力钳的使用方法及注意事项

① 选择合适的压力钳,夹持大管子时,压力钳后边要加一把管钳,防止滑脱,损坏管子和钳口;

② 夹紧管子时不应用力过猛,应逐步旋紧,防止夹扁管子或钳牙吃管子太深,夹持长管应在管子尾部用三角架支撑;

③ 注意使用前要认真检查压力钳三角架及钳体,要将三角架固定牢;

④ 使用后要在丝杆部分涂上润滑油。

5. 管子割刀

管子割刀是切割各种金属管子的手工刀具。割刀是以刀型来确定其规格的,如Ⅱ型刀切割的管径是 12~50mm,Ⅲ型刀切割的管径是 25~80mm,Ⅳ型刀切割的管径是50~100mm，其结构如图4-9所示。

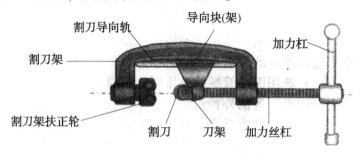

图4-9　管子割刀结构图

（1）使用方法。将被割管件用管子压力钳夹牢后，旋转（推倒方向）加力杠能套进管件外，扶正，并缓慢旋紧加力丝杠，在感觉刀吃力时，边垂向绕管件旋转边均匀加力，最后直至割断管件。

（2）使用及注意事项

① 根据被割管径选择割刀规范；

② 检查割刀、加力丝杠、割刀架扶正轮等各部件是否完好；

③ 将被割管件用管子压力钳夹牢；

④ 将被割管件按要求的长短划好线；

⑤ 松开刀口，将割刀卡在管件上，使刀刃对准划线，同时用加力丝杠逐渐进刀。绕管子转动，一直到割断管子为止。切割时可加些冷却液。

6. 管子铰板

铰板是一种在圆（管）上切削出外螺纹的专用工具，俗称套丝。主要是由板牙和铰手两大部分组成的，如图4-10所示。

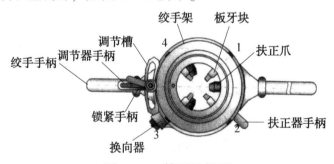

图4-10　管子铰板图

板牙是加工外螺纹的工具，常用的有圆板牙和圆柱管板牙两种。圆板牙如同一个螺母，其上面有几个均匀分布的排屑孔，并依次形成刀刃。

铰手用于安装板牙，与板牙配合使用，铰手外圆上有五只螺钉，均匀分布的四只螺钉起紧固板牙作用。其中：上方的两只螺钉兼有调整小板牙螺纹尺寸的作用；顶端的那只螺钉起调节大板牙螺纹尺寸的作用，这只螺钉必须插入板牙的"V"形槽内。

板牙选用工件(圆棒或圆管)的外径应小于螺纹直径。工件外径 D 可按下列经验公式计算：

$$D \approx 0.13dt$$

式中　D——工件(圆棒或圆管)外径，mm；
　　　d——螺纹直径，mm；
　　　t——螺距，mm。

操作方法：

(1) 装牙。将锁紧手柄以顺时针方向转到极限位置，松开调节器手柄(调节柄)转动前盘盖，使两条 A 刻线对正。然后将选择好的板牙块按 1、2、3、4 序号对应地装入牙架的四个牙槽内，将扳机逆时针方向转到极限位置。

(2) 上板。转动后盘盖，调节扶正爪(三爪不要过紧，起到扶正作用即可)，将板牙块套入将要套扣的管件上。

(3) 套扣。普通管子 25mm 以上，每 25.4mm 套 11 扣；20mm 以下，每 25.4mm 套 14 扣，套出的扣头应呈锥状，螺纹不秃，无毛刺。为了保证质量，延长牙块寿命，套扣应分为二倒三板进行，每次都要调节套圈位置。

(4) 退牙。管子套到所需扣数后，要逐渐向回退牙块，边退边松扳机。第二板套进时，应注意管头扣的深度，由深而浅使管扣呈锥状。

(5) 卸牙。按顺时针方向将扳机和大盖转到极限位置，然后取下牙块。

要注意的是：套制过程中要浇注润滑油；遇到硬点时，应立即停止，处理后再进行；用完后要及时除去板牙上的铁削、泥尘、油污等，牙块、牙架擦净放好。

7. 克丝钳

常用的钳子有克丝钳(又称钢丝钳)、尖嘴钳等。

(1) 克丝钳。克丝钳有绝缘柄和裸柄两种，绝缘柄钢丝钳为电工专用钳，常用的有 150mm、175mm 和 200mm 三种规格，如图 4-11 所示。裸柄钢丝钳电工禁用。

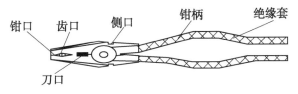

图 4-11　克丝钳

使用克丝钳应注意以下事项：

① 使用前，应检查绝缘柄的绝缘是否良好；

② 用电工钳剪切带电导线时，不得用钳口同时剪切相线和零线，或同时剪切两根相线，那样均会造成线路短路；

③ 钳头不可代替手锤作为敲打工具。

（2）尖嘴钳。尖嘴钳的头部尖细，适于在狭小的工作空间操作。尖嘴钳也有裸柄和绝缘柄两种。裸柄尖嘴钳电工禁用，绝缘柄的耐压强度为500V，常用的有130mm、160mm、180mm、200mm四种规格，如图4-12所示，其握法与电工钳的握法相同。

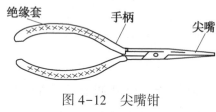

图4-12 尖嘴钳

使用尖嘴钳的注意事项如下：

① 电器维修必须用绝缘柄尖嘴钳；

② 使用时不能用尖嘴去撬工件以免钳嘴撬变形；

③ 刃口尖嘴钳只能剪切金属丝，不能剪钢质粗丝；

④ 带电作业前必须检查绝缘套是否漏电。

8. 锉刀

(1) 锉削，结合实物进行平面锉削(例如，加工小锤)。

① 了解锉刀的种类（按断面形状、尺寸大小、锉齿粗细分类）、结构特点及应用范围，如表4-4所示；

表4-4 各种钢锉示意图

形 状	钢锉示意图	尺 寸
菱形锉		4″、5″、6″、8″
油光锉		6″、8″、10″、12″、14″
尖头单纹米尔锉		6″、8″、10″、12″、14″
圆锉		4″、6″、8″、10″、12″

续表

形　状	钢锉示意图	尺　寸
半圆锉		4″、6″、8″、10″、12″、14″、16″、18″

注：1″=25mm。

② 熟悉横锉、顺锉、交叉锉、推锉和滚锉的方法及应用条件；

③ 正确掌握锉刀的使用方法及锉削步骤；

④ 掌握直角尺、刀口尺、厚薄规的使用方法。

（2）锉削平面时容易出现以下主要问题：

① 平面中凸。锉削时锉刀前后摇摆容易产生平面中凸。因此，在锉削时两手压力大小应随锉刀两端伸出工件的长度而变化，使锉刀两端的压力对工件中心的压力矩始终保持平衡。

② 表面不够光洁。其原因是锉刀齿粗细选择不当，嵌在锉刀齿上的屑末未消除。因此，在锉削时应注意经常用钢丝刷顺着锉纹方向刷去切屑。

注意事项：

不使用无柄锉刀，以免把手刺伤；不要口吹铁屑，以免屑末飞入眼内；不要用手触摸加工表面，防止手上的油污沾染工件使用锉刀打滑。

9. 台虎钳

台虎钳是一种常用的夹持工具，是锯、挫维修设备零件时所必需的，重点掌握台虎钳结构及其使用方法和注意事项，做到正确熟练使用台虎钳。掌握台虎钳的作用、结构、技术规范及其使用方法和注意事项。

（1）台虎钳的作用。台虎钳主要用于夹持工件。

（2）台虎钳的规格尺寸及类型。台虎钳的规格是按钳口长度划分的，常用100mm、150mm、200mm等。台虎钳的类型分固定式和回转式两种，现以回转式台虎钳为例予以介绍，如图4-13所示。

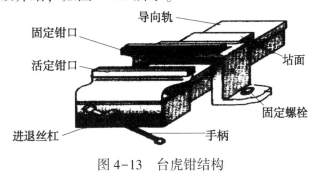

图4-13　台虎钳结构

(3) 固转式台虎钳的结构。台虎钳主要由钳台和虎钳构成,虎钳由固定钳身、活动钳身、回转盘、固定座、丝杆、丝母及手柄组成。

(4) 台虎钳的使用方法及注意事项

① 使用前先将回转盘的固定小把固定好;

② 调节钳口,顺时针旋转手柄,钳口变小,反之钳口变大,旋转手柄时要平稳;

③ 夹持工件时不要太紧,防止钳牙吃进工件表面或损坏钳身,夹持工件时,工件另一端要用支架支撑;

④ 用完后要用棉纱将钳口和钳台擦干净;

⑤ 不要在钳台和钳身上砸东西,谨防损坏钳台和钳身。

10. 链钳

(1) 用途、结构与规格

① 用途。用于外径尺寸较大、管壁较薄的金属管的螺纹装卸,也可用于管壁较厚的管材上扣、卸扣;

② 结构。链钳主要由于柄、钳头、链条等主要部件组成(见图4-14)。

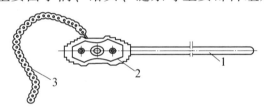

图4-14 链钳示意图

1—手柄;2—钳头;3—链条

钳头上用销子固定有两块夹板,每块夹板的四边角均做成梯形齿,以便与管壁咬合,防止打滑,链条采用全包式,可绕过管子卡在二夹板的锁紧部位,使包合管子的外力分布均匀,更加适合薄壁管材的螺纹上扣、卸扣工作。

(2) 操作步骤与要求

① 在平放管件上卸扣(或紧扣)

(a) 将需要连接的管线用垫木垫平,管体距地面的间距以能保证链钳链条通过为宜;

(b) 将钳头垂直摆放在所需转动的管体的螺纹连接部位,其钳头摆放方向与所需转动方向一致,然后将链条绕过管体并拉紧卡在夹板锁紧部位的卡子上;

(c) 将钳柄向后稍拖一下,使卡板头上的梯形齿与管体紧密咬合,双手紧握钳柄向上抬起,即可转动管体,若双手下压,钳柄回位,可使卡板头梯形齿与管体咬合放松,然后再稍向后拖一下,又可使咬合紧密,上抬钳柄又可转动管体，只要这样反复多次，即可达到上、卸管线螺纹的目的；

（d）工作结束，下压钳柄，可使包合管子的链条松动（不要后拖钳柄），然后左手托起钳头后部使钳头抬起，右手即可将链条从夹板上取出，若咬合较紧不易取出链条时，可将钳柄敲打一下，使链条松动，即可取出。

② 在直立或倾斜度较大放置管线时的上扣、卸扣

（a）面对管线站立，双脚分开与肩同宽，手持钳柄与管体中心线垂直，将钳头方向与旋转管体方向一致并紧靠在管体上面，然后把链条反方向（与转动方向相反）绕管体一周，拉紧并扣到夹板的锁紧部位；

（b）将钳柄稍向后拖，使齿头梯形齿紧紧咬在管体上面，然后转动手柄，若空间允许，可沿圆周方向连续推动旋转，若连续推转受到空间限制，则可将钳柄推转到最大角度时，左手托起链钳夹板，右手将钳柄板回原位，再次推转手柄，如此反复进行，即可达到上、卸螺纹的目的；

（c）工作结束，将钳柄往回退一下，即可放松链条，再将夹板晃动，右手托住钳头，左手取出链条。

③ 注意事项及维护

（a）使用前必须对链钳各部位进行仔细检查，不得有裂纹和缺损，部件应齐全，各链节间连接应可靠，转动应灵活、无阻卡；

（b）链条包合至锁卡部位应拉紧并注意紧密扣合，防止工作过程中链条松脱，钳头下砸而碰伤手脚；

（c）链条包合并卡在锁紧位置向后拖钳柄使之扣合后，夹板头梯形台阶上至少应有两个以上的齿压在管体上，防止在转动钳柄时出现打滑或咬伤管体的现象；

（d）链条包合的咬紧部位应尽量靠近管体的紧扣或松扣部位，咬合时，链条应均匀紧贴管壁，且两夹板应垂直管体轴线，不能偏斜造成一块夹板单独受力而缩短使用寿命；

（e）链钳工作中，禁止使用加力管，防超负荷将链条拉断或压扁管体；

（f）链钳手柄不能用作撬杠，防弯曲或损坏，用完后，将链条拉在使链钳平放在工具台上或者将钳柄朝下，钳头朝上，并将链条翻搭在支架另一侧，使链钳斜靠在支架上；

（g）链钳使用后，应保持清洁、干净，除必要时对链条各销孔及轴滴油润滑外，任何部位都不能留有淤泥和油泥。

11. 卡钳

学会用生产中常用的卡钳测量圆筒的外径、内径和厚度；进一步掌握刻度

尺的使用方法。卡尺是一种间接测量工具，用它来度量尺坟时要在工件上测量，再与量具比较，才可得出数据，常用的卡钳有内、外卡钳两种。

（1）如图 4-15（a）所示，将外卡钳的两只脚尖紧贴圆筒外壁，使两脚尖之间的距离等于圆筒的外径，用刻度尺测出这段距离。在筒外不同的直径方向连续测量三次，然后把数据填入表格，算出外径的平均值；

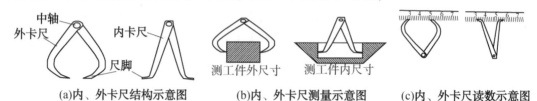

图 4-15　卡钳使用示意图

（2）如图 4-15（b）所示，参照外卡钳的测量方法，用内卡钳测出圆筒的内径。把三次测量的数据填入表格，算出内径的平均值；

（3）根据圆筒外径、内径的平均值，求出筒壁的厚度并把结果填入表格。

表 4-5　筒壁的厚度记录

操作次数	1	2	3	平均值
圆的外径 d_1/cm				
圆的内径 d_2/cm				
圆筒的厚度 $d=$	（cm）			

12. 游标卡尺

游标卡尺是一种中等精度的量具，它可以直接测出工件的内外尺寸，如图 4-16（a）所示。常用的游标卡尺有 150mm 和 200mm 两种规格，这两种游标卡尺的精度均为 0.02mm。

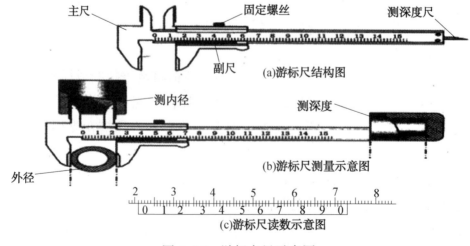

图 4-16　游标卡尺示意图

游标卡尺的使用：

（1）使用游标卡尺测量工件的尺寸时，应先检查尺况，再校准零位，即主副两个尺上的零刻度线同时对正，即为合格，这样才可以使用；

（2）测量工件外径时，应先将两卡脚张开得比被测尺寸大些，而测量工件的内尺寸时，则应将两卡脚张开的比被测工件尺寸小些，然后使固定卡脚的测量面贴靠工件，轻轻用力使副尺上活动卡脚的测量面也贴紧工件，并使两卡脚测量面的连线与所测工件表面垂直，再拧紧固定螺丝，如图4-16(b)所示；

（3）在主尺上读出副尺零位的读数，如图4-16(c)所示；

（4）再在副尺上找到和主尺相重合的读数，将此读数除100即为毫米数，将上述两数值相加，即为游标卡尺测得的尺寸。

值得注意的是：读数时要在光线较好的地方进行，不能斜视读数，绝不能读出如：23.17mm、4.01mm、0.65mm之类的数据，因为副尺的精度为0.02mm，所测得的最后一位小数应是0.02的倍数才对。

13. 外径千分尺

外径千分尺又称为分厘卡、螺旋测微器，它是一种精度较高的量具，如图4-17所示。千分尺主要是用来测量精度要求较高的工件。其精度可达0.01mm，比游标卡尺精度高出一倍。常用的有50~75mm、75~100mm等。

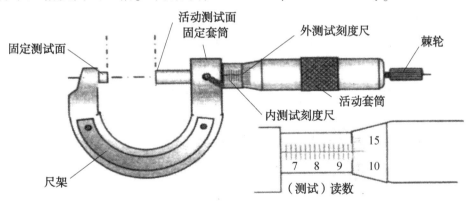

图4-17 千分尺及使用示意图

千分尺的使用方法如下：

（1）将千分尺的测量面擦拭干净，检查零位是否准确；

（2）将工件的被测表面擦拭干净；

（3）用单手或双手握持千分尺，先转动活动套筒，千分尺的测量面一接触工件表面就转动棘轮，当测力控制装置发出嗒嗒声时，停止转动，此时即可读数；

（4）读数时，要先从内测试刻度尺刻线上读取毫米数或半毫米数，再从外测试刻度尺(即活动套筒)与固定套筒上中线对齐的刻线上读取格数(每一格为0.01mm),将两个数值相加,就是测量值。

需要注意的是:不可用千分尺测量粗糙工件表面,使用后测量面要擦拭干净,并加润滑油防锈,然后放入盒中保存。

14. 灭火器

灭火器是一种可携式灭火工具。灭火器内放置化学物品,用以救灭火灾。灭火器是常见的防火设施之一,存放在公众场所或可能发生火灾的地方,不同种类的灭火筒内装填的成分不一样,是专为不同的火警而设。使用时必须注意以免产生反效果及引起危险。

(1) 灭火器的种类。灭火器的种类很多,按其移动方式可分为:手提式和推车式;按驱动灭火剂的动力来源可分为:储气瓶式、储压式、化学反应式;按所充装的灭火剂则又可分为:泡沫、干粉、卤代烷、二氧化碳、清水等。

① 干粉灭火器

(a) 结构。干粉灭火器是利用二氧化碳气体或氮气气体作动力,将瓶内的干粉喷出灭火的。干粉是一种干燥的、易于流动的微细固体粉末,由能灭火的基料和防潮剂、流动促进剂、结块防止剂等添加剂组成。

(b) 原理。干粉灭火器内充装的是干粉灭火剂。干粉灭火剂是用于灭火的干燥且易于流动的微细粉末,由具有灭火效能的无机盐和少量的添加剂经干燥、粉碎、混合而成微细固体粉末组成。利用压缩的二氧化碳吹出干粉(主要含有碳酸氢钠)来灭火。

② 泡沫灭火器

(a) 结构。酸碱灭火器由筒体、筒盖、硫酸瓶胆、喷嘴等组成。筒体内装有碳酸氢钠水溶液,硫酸瓶胆内装有浓硫酸。瓶胆口有铅塞,用来封住瓶口,以防瓶胆内的浓硫酸吸水稀释或同瓶胆外的药液混合。酸碱灭火器的作用原理是利用两种药剂混合后发生化学反应,产生压力使药剂喷出,从而扑灭火灾。

(b) 原理。泡沫灭火器内有两个容器,分别盛放两种液体,它们是硫酸铝和碳酸氢钠溶液,两种溶液互不接触,不发生任何化学反应。(平时千万不能碰倒泡沫灭火器)当需要泡沫灭火器时,把灭火器倒立,两种溶液混合在一起,就会产生大量的二氧化碳气体。

③ 二氧化碳灭火器

(a) 结构。二氧化碳灭火器筒体采用优质合金钢经特殊工艺加工而成,重量比碳钢减少了40%。具有操作方便、安全可靠、易于保存、轻便美观等特点。灭火原理:灭火器瓶体内储存液态二氧化碳,工作时,当压下瓶阀的压把时,内部的二氧化碳灭火剂便由虹吸管经过瓶阀到喷筒喷出，使燃烧区氧的浓度迅速下降，当二氧化碳达到足够浓度时火焰会窒息而熄灭，同时由于液态二氧化碳会迅速气化，在很短的时间内吸收大量的热量，因此对燃烧物起到一定的冷却作用，也有助于灭火。推车式二氧化碳灭火器主要由瓶体、器头总成、喷管总成、车架总成等几在部分组成，内装的灭火剂为液态二氧化碳灭火剂。适用于扑救易燃液体及气体的初起火灾，也可扑救带电设备的火灾；常应用于实验室、计算机房、变配电所，以及对精密电子仪器、贵重设备或物品维护要求较高的场所。

（b）原理。二氧化碳具有较高的密度，约为空气的1.5倍。在常压下，液态的二氧化碳会立即汽化，一般1kg的液态二氧化碳可产生约$0.5m^3$的气体。因而灭火时，二氧化碳气体可以排除空气而包围在燃烧物体的表面或分布于较密闭的空间中，降低可燃物周围或防护空间内的氧浓度，产生窒息作用而灭火。另外，二氧化碳从储存容器中喷出时，会由液体迅速汽化成气体，而从周围吸收部分热量，起到冷却的作用。

④ 清水灭火器。清水灭火器中的灭火剂为清水。水在常温下具有较低的粘度、较高的热稳定性、较大的密度和较高的表面张力，是一种古老而又使用范围广泛的天然灭火剂，易于获取和储存。

它主要依靠冷却和窒息作用进行灭火。因为每千克水自常温加热至沸点并完全蒸发汽化，可以吸收2593.4kJ的热量。因此，它利用自身吸收显热和潜热的能力发挥冷却灭火作用，是其他灭火剂所无法比拟的。此外，水被汽化后形成的水蒸气为惰性气体，且体积将膨胀1700倍左右。

在灭火时，由水汽化产生的水蒸气将占据燃烧区域的空间、稀释燃烧物周围的氧含量，阻碍新鲜空气进入燃烧区，使燃烧区内的氧浓度大大降低，从而达到窒息灭火的目的。当水呈喷淋雾状时，形成的水滴和雾滴的比表面积将大大增加，增强了水与火之间的热交换作用，从而强化了其冷却和窒息作用。

另外，对一些易溶于水的可燃、易燃液体还可起稀释作用；采用强射流产生的水雾可使可燃、易燃液体产生乳化作用，使液体表面迅速冷却、可燃蒸汽产生速度下降而达到灭火的目的。

（2）操作步骤

① 干粉灭火机的操作

（a）由此次操作的负责人根据操作的具体内容，对此项操作进行HSE风险评估，并制定和实施相应的风险削减措施；

（b）干粉灭火机每月称重一次，重量不少于铭牌规定标准；

（c）检查出粉管是否畅通，有无老化；

(d) 使用时，将灭火机拿到着火现场，置于上风处；

(e) 打开保险销，把喷管对准火源根部，按下压把(拉动拉环)或打开手轮，即喷出灭火；

(f) 操作完毕，将工具用具擦洗干净收回。

② 二氧化碳灭火器使用方法。二氧化碳灭火器对扑灭油脂、电器及一切珍贵机件或物品及室内火灾最为有效。当遇到有火灾时，迅速打开开关(手轮式先揪断铅封，再将手轮逆时针旋转；鸭嘴式开关先拔掉保险，将鸭嘴向下压)，使二氧化碳喷向燃烧物即可。

③ 技术要求及注意事项

(a) 干粉灭火机具有无毒、无腐蚀性、灭火快的特点，适用于扑灭油品、有机溶剂、电气设备的初起火灾；

(b) 干粉灭火机应存放在规定地点，存放地点通风良好，防潮、防晒、防高温；

(c) 发现着火，应切断油、气、电源，放掉容器内压力，隔离或搬掉易燃物；

(d) 大面积着火或火势猛，应紧急处理后立即报警；

(e) 严禁拆卸更换零件，以免发生危险。

第二节 抽油机实训

一、抽油机井开井前检查

1. 检查步骤及标准

(1) 由此次操作的负责人根据操作的具体内容，对此项操作进行 HSE 风险评估，并制定和实施相应的风险削减措施；

(2) 检查流程中各闸门，要求：开关正确，回、套压表量程合适，出油管线畅通；

(3) 检查毛辫子，要求：两边吃力均匀，无毛刺，无断股，悬绳器两盘水平，活门螺丝齐全，方卡子安装紧固牢靠，光杆光滑无毛刺、无弯曲，盘根盒松紧合适、填料充足，胶皮闸门灵活好用；

(4) 检查变速箱内机油量，应保持在两小丝堵中间；

(5) 检查曲柄销轴承、中轴承、尾轴承及各轴承润滑油是否充足；

(6) 检查刹车是否灵活好用、无自锁，张合均匀。要求：刹车松紧适度；

(7) 检查皮带有无损坏和老化，并校对其松紧度。要求：皮带松紧度合适，

两轮"四点一线";

（8）检查各部固定螺栓、连接螺丝、悬挂螺丝、差动螺丝和曲柄销冕形螺母及 U 型螺丝等是否拧紧，要求：各部螺丝无松动；

（9）检查曲柄轴、减速箱皮带轮、电机皮带轮、刹车轮的键和盖板及螺丝有无松动和缺少，要求：各轮键紧固、无松动；

（10）检查电器设备，要求：电器设备完好无损，无老化、烧焦爆皮现象；电机控制箱内各旋钮选择位置正确；保险丝合格；交流接触器零部件齐全完好，灵活好用；

（11）检查抽油机周围，要求：抽油机周围无障碍物；

（12）操作完毕后，收回工具用具。

2. 技术要求及注意事项

（1）如抽油机停用超过一个月，应按二级保养内容进行检查保养；

（2）抽油机启动前应排除抽油机周围妨碍运转的物体。

二、抽油机井关井

1. 操作步骤及标准

（1）由此次操作的负责人根据操作的具体内容，对此项操作进行 HSE 风险评估，并制定和实施相应的风险削减措施；

（2）按停止按钮使电机停止运转，根据油井情况，让驴头停在适当位置，刹紧刹车，拉下铁壳开关闸刀，切断电源；

（3）紧胶皮盘根，关闭生产闸门；

（4）在班报表上记录停抽时间；

（5）操作完毕后，收回工具用具。

2. 技术要求及注意事项

（1）停抽时，出砂井驴头停在接近上死点处；油气比高的井、结蜡井或稠油井，驴头停在下死点；一般井，驴头停在上冲程的 1/3～1/2 处，以便开抽时容易启动；

（2）检验电器设备外壳是否带电；拉合闸刀时侧身操作；

（3）冬季长期停抽，要对出油管线扫线，以防冻坏管线及设备。

三、抽油机井开井

1. 准备工作

（1）抽油机井 1 口，井口装置为 CY250 型采油树，关井状态为测静压流程。

井口油套压表齐全；

（2）工具、用具：600mm 的管钳或"F"型扳手 1 把，试电笔 1 个（耐压 500V），纸笔等；

（3）穿戴好劳保用具。

2. 操作步骤

（1）携带工具到井场，首先检查井流程状态，是开的还是关的。配电箱是否有电，抽油机刹车是否灵活，皮带安装适合情况；

（2）联系并确认计量间流程是否已倒对了正常生产流程，记录好此时关井状态油套压值；

（3）开生产一次闸门，先用管钳或"F"型扳手逆时针方向打开手轮，在听到有"呲"的油流声后，继续开大，此时井口油压表指针有明显变化；

（4）检查并上紧套管测试堵头，用管钳把测试队已上好的测试堵头检查一下，不要过紧以不渗为适，缓慢打开测试套管阀门，待套压表指针起压后就可以了；

（5）把密封盒松半扣左右，就可启动抽油机开井投产了：松刹车、合空气开关，点启一次抽油机等曲柄自由运动方向与正常运转方向一致时，再次按启动按钮，启动抽油机；

（6）检查井口流程：在确认无误时，再检查抽油机运转状态并调整光杆密封圈松紧；

（7）记录好此时油套压及开井时间；量油、取样、测电流是后事，不作为本操作的主要内容；

（8）收拾工具，清理现场。

3. 注意事项

（1）检查测试堵头工序与开生产一次阀门无须谁先谁后的顺序；

（2）油井若是掺水（油）伴热的，还要控制调节好掺水量；

（3）若是抽油机因故（电、皮带等）不能及时启抽，打开生产一次阀门也是完成本操作的主要内容；即油井由关井状态转为开井状态（测压后初期开井时有的井可自喷）。

四、启动游梁式抽油机

1. 准备工作

（1）选择抽油机为游梁式的油井 1 口，并具备正常运转条件；

（2）准备工具、用具：600mm 管钳 1 把，试电笔 1 支，笔纸，钳形电流表工块；

（3）穿戴好劳保用具。

2. 操作步骤

（1）带好准备的用具到抽油机井现场，首先检查刹车、皮带是否齐全好用，电源是否正常，井口流程是否正常，特别是光杆卡子打紧没有；

（2）若是被启动的抽油机井有加热炉还要提前点火预热；

（3）确认检查无误后准备启动。启动抽油机的步骤。

① 松刹车。用手扳刹把，拉起卡簧锁块，向前推刹车把，推到位后再回拉一下，再次向前推送到位，确保刹车毂内刹车片被弹簧弹起；

② 盘皮带。用左手向上按下侧皮带的外侧，右手向下按上侧皮带外侧，即用双手卡紧两侧皮带后，注意双手位置不能靠近电动机轮，用力一盘（左手向前推、右手往回拉）后迅速松手，观察曲柄动否（正常应有一个明显的微摆）；

③ 合空气开关、送电。左手轻扶开着的配电箱门，右手（最好戴五指的线手套）掌扶住空气开关手柄，快速（适力）向上一推"啪"一声合上，注意在向上推时，脸及身体尽量向左闪开——即躲开空气开关的正前方；

（4）启动抽油机。提醒抽油机附近的人，要启机了，根据机型大小心里要有准备几次启动起来抽油机，如图4-18所示，多数抽油机井两次均能正常启动起来，第一次点启，即按下启动按钮，在曲柄刚提起（约与垂直位置15°~20°），迅速按下停止按钮，曲柄靠自重要下落回摆，如图4-18中"3"的位置，等到靠惯性再度回摆（即与启动方向一致）时，迅速再次按下启动按钮，即第二次启动，抽油机会顺利地被启动起来，此时不要开配电箱，观察连杆曲柄有无刮碰，井口有无打光杆、碰卡子等，在确认没有时开始下一步巡回检查；

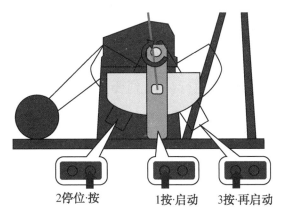

图4-18 二次启动抽油机操作程序示意图

（5）检查设备运转状况及井口流程；

（6）用钳形电流表测电流，测算相间平衡、运转平衡情况；

（7）关好配电箱门，记录数据资料，收拾工具，清理现场。

3. 注意事项

（1）检查电源时要小心触电；

（2）盘车（皮带）时不要手握（抓住）皮带；

（3）合、拉空气开关时要侧开身体；

（4）二次启动时（按启动按钮）要等到曲柄回摆方向与启动方向一致，否则要憋电动机烧熔断器或严重烧电机等；

（5）若是按启动按钮后电机嗡嗡响而不转（缺相），要迅速按下停止按钮，并通报专业电工来检修（即使是熔断器烧了，也不要求初级操作者检查更换）。

五、停止游梁式抽油机

1. 准备工作

（1）准备井口安装游梁式曲柄平衡抽油机油井，CY250型采油树；

（2）工具、用具：600mm管钳或"F"型扳手1把、300mm活动扳手1把（备调刹车行程连杆螺丝用）；

（3）穿戴好劳保用具；

（4）核实要停机的停止位置及停机的目的。

2. 操作步骤

（1）携带准备好的工具、用具到井场，检查（观看）抽油机运转情况，明确要停机的位置和操作要点，检查井口流程及生产状态；

（2）试刹车（除停机上死点外，其余的停机位置，特别是维修调整时必须进行调试刹车）：通常方法是在曲柄由最低位置刚向上运行约20°时，左手按停止按钮，并同时右手搂（拉）回刹车，如曲柄立即停止说明刹车好使，如一点点下滑，说明刹车有问题，就要松开刹车查找原因，进行调整，并再试刹车，至好用为止；

（3）启动抽油机，待曲柄运行（转）到要停的位置（如图4-19所示），左手按停止按钮，右手拉刹车：

① 曲柄停在水平位置（后侧），如图4-19所示的S位置。在曲柄由下向上开始上行时，双手就位，与曲柄运行在水平位置或接近水平位置时，按停止按钮，拉回刹车刹住，确认（看）曲柄不动后（刹住车了）走到抽油机侧面，仔细观察停机位置是否符合要求；如果抽油机冲速较高（9次以上的），可能此操作会使曲柄略过水平位置，还可通过松刹车微调，即双手一起缓慢松刹车，看到曲柄刚要下摆，迅速拉回刹车，这样进行一两次的松一点刹一下，就能停到较理想的位置；

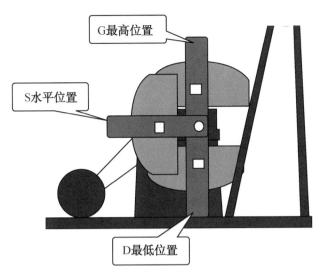

图 4-19 抽油机井停机不同位置示意图

② 曲柄停在正上方(驴头下死点),如图 4-19 中 G 的位置。方法同①,在曲柄接近正上方时按停止按钮、拉刹车,如冲速快可略微提前一点,停稳后观察,如不到或过了(不符合要求即满足不了如图 4-19 所示的保养操作时)只好松开刹车,启抽重来;

③ 最低位置(即驴头上死点时),这一位置是最易操作的了,当曲柄运行到最低位置,过一点,提前一点均可,按停止按钮,刹车,停稳后观察情况,如过了(略大些)可用松刹车下放(靠曲柄配重的重力下摆)来调整,停在下死点。此时如果曲柄过了但不回摆,那是因配重过轻所致(需调平衡了)。

④ 在达到应停位置停稳了抽油机后,应马上拉下空气开关(在常规停机操作中除测试示功图时可不拉开关,其余都必须拉下开关)断电;

⑤ 检查井口流程或维护保养等操作;

⑥ 挂警示牌,如关井、测压等发现有问题需处理,在操作者离开井时必须挂警示牌,并要注明原因。

3. 注意事项

(1) 此项操作刹车必须灵活好用;

(2) 操作者必须明白,停机操作与关井是两个不同的概念;

(3) 微调停机位置时,松刹车必须缓慢,不要有一次就肯定停到位的想法;

(4) 对冲速较快的抽油机进行停机,对要停的位置必须有提前量。

六、抽油机井开井后检查

1. 检查步骤及标准

(1) 由此次操作的负责人根据操作的具体内容,对此项操作进行 HSE 风险评估，并制定和实施相应的风险削减措施；

（2）听。抽油机各部运转声音是否正常。要求：正确判断、处理异常响声；

（3）看。抽油机各连接部分、曲柄销冕形螺母、平衡块固定螺丝是否有松动脱出、滑动现象，减速箱是否漏油，回压、套压是否正常，油井是否出油，方卡子是否松脱，毛辫子是否打扭，盘根盒松紧是否合适。要求：检查油井生产动态，录取回、套压各值，且取值误差应在±0.05MPa范围内；

（4）测。用钳型电流表测三相线电流是否正常，用温度计测油井出油温度。要求：测量方法正确，电流数值误差在±2A、温度误差在±2℃范围内；

（5）摸。用手背接触电机外壳，检查电机温度是否正常。

2. 技术要求及注意事项

（1）雨后地泥泞，应站在距抽油机两米的地方进行检查；

（2）发现异常，立即停机，刹死刹车，断电检查；

（3）操作完毕后，收回工具用具。

七、抽油机井巡回检查

1. 检查步骤及标准

（1）由此次操作的负责人根据操作的具体内容，对此项操作进行 HSE 风险评估，并制定和实施相应的风险削减措施；

（2）检查电路，要求：端点线杆绷绳紧固，无裸露、老化电线或电缆；变压器、节电控制箱完好无损；防盗螺丝齐全、紧固；

（3）检查电机，要求：风罩、风叶完好，接线盒完好，接地完好，顶丝及紧固螺丝牢固可靠，电机温度正常，声音正常，电机皮带轮与键结合紧密、牢固，运转正常；

（4）检查皮带，要求：皮带松紧适度，两轮"四点一线"；

（5）检查刹车，要求：装置灵活好用，无自锁现象，刹车片完好；

（6）检查抽油机运转部位，要求：变速箱各轴承、游梁中轴承、尾轴承、曲柄销子轴承运转正常，无窜轴、磨损现象和异常响声；曲柄销各部螺丝无松动；

（7）检查毛辫子，要求：两股毛辫绳长短一致，无打扭或断股，上部不偏磨驴头槽两边；

（8）检查光杆及盘根，要求：光杆无弯曲、无毛刺，光杆顶部接箍完好、紧固，光杆外露 0.8～1.5m，悬绳器完好，下盘盖板完好，两侧销子完好，方卡子紧固；盘根完好，松紧适度，不渗不漏；

(9）检查采油树，要求：各闸门齐全好用，无渗漏，无缺失配件。观察压力，测试出油温度，分析是否出油正常；

（10）检查井场，要求：井场无油污，无杂草，无散失器材；

（11）检查井号标志，要求：井号标志正确、标准、醒目；

（12）检查管网流程，要求：管网无损坏、穿孔等现象；

（13）检查油井作业进度；

（14）将工具用具擦洗干净收回。

2. 技术要求及注意事项

（1）发现问题及时处理，无法处理及时汇报；

（2）检查时采用听、看、摸、闻等方法，进行综合判断。

八、更换光杆密封盘根

1. 操作步骤及标准

（1）由此次操作的负责人根据操作的具体内容，对此项操作进行 HSE 风险评估，并制定和实施相应的风险削减措施；

（2）切割盘根呈 30°～40°，要求盘根切口为顺时针方向，切口斜度大小合适；

（3）按停止按钮让抽油机驴头停在井口便于操作的位置，刹紧车拉闸断电；

（4）关闭胶皮闸门，使光杆位于密封盒中心位置。如光杆偏斜应用胶皮闸门找正；

（5）卸掉密封盒上压帽取出格兰，用挂钩将压帽和格兰吊在悬绳器上；

（6）取出旧盘根，要求用起子找准旧盘根切口逆时针旋转，将旧盘根掏净；

（7）将 5 个新盘根涂上薄薄的一层黄油，用起子分别加入盘根盒内，两个相邻的盘根切口应错开 120°～180°。要求盘根一次加完黄油，保持盘根干净；

（8）摘下挂钩，放下压帽和格兰，用手将压帽拧紧，再用管钳顺时针拧紧约 2~4 圈；

（9）用扳手逆时针交替慢慢打开胶皮闸门，看盘根盒是否跑油气，如跑油气将盘根盒紧至不跑油气为止。要求将胶皮闸门开到最大；

（10）松刹车，合闸送电，启动抽油机。检查光杆是否发热、漏油。发热，光杆涂点黄油；漏油，适当紧一下盘根盒压帽；

（11）将有关数据填入报表；

（12）操作完毕将工具用具擦洗干净收回。

2. 技术要求及注意事项

（1）掏旧盘根时，隔环下面的碎块也应掏净；

（2）加每一个盘根时，一定要用起子按到底；

（3）加完盘根后，盘根压帽不可太紧，防止开抽烧盘根；

（4）在日常生产中，井口盘根松紧度在光杆上下运行中以不漏油气为标准。应尽量松弛，以延长盘根使用寿命，提高抽油井系统效率；

（5）正确关胶皮阀，光杆在中心，压帽和格兰不掉；

（6）合上、拉下空气开关启停抽油机时都要带绝缘手套进行操作；

（7）手试光杆是否发热时，一定要小心，注意安全，只有在光杆上行时才能用手背去触摸。

九、抽油机一级保养

1. 操作步骤及标准

（1）由此次操作的负责人根据操作的具体内容，对此项操作进行 HSE 风险评估，并制定和实施相应的风险削减措施；

（2）按停止按钮，停抽刹车（停在便于操作位置），拉下铁壳开关闸刀，切断电源；

（3）清除抽油机外部油污、泥土，旋转部位的警示标语要清楚醒目；

（4）紧固减速箱、底座、中轴承、平衡块、电机等固定螺丝。要求：电动机、中轴、顶丝应无缺损，螺丝上紧，顶丝顶紧；

（5）打开减速箱检视孔，松开刹车，盘动皮带轮，检查齿轮啮合情况。要求：齿轮啮合正常；

（6）检查减速箱油面及油质，不足应补加，变质要更换；

（7）清洗减速箱呼吸阀；

（8）对中轴承、尾轴承、曲柄销子轴承、驴头固定销子、减速箱轴承等处加注黄油；

（9）检查刹车是否灵活好用，必要时应进行调整。要求：刹车合格；

（10）检查皮带松紧程度，不合适进行调整；皮带损坏要及时更换；

（11）检查毛辫子，有起刺、断股现象应更换；检查悬挂盘，应完好；

（12）检查电器设备绝缘应良好，有接地线，各触点接触完好。要求：电器设备安全可靠；

（13）检查驴头中心必须与井口中心对正；

（14）合闸送电，启动抽油机，检查是否正常，记录停机和开抽时间；

(15) 操作完毕，将工具用具擦洗干净收回。

2. 技术要求及注意事项

(1) 抽油机运转720~760h，进行一级保养作业；

(2) 曲柄销子轴承注黄油时，可将轴承盖卸下直接加注黄油；

(3) 目前除5型机、10-3312机、7CK-2512、6CK-2115机外，一般抽油机减速箱轴承都采用机油润滑。

十、更换抽油机井电机传动皮带

抽油机在生产过程中，电机传动皮带由于材料老化，皮带拉伸、磨损等，性能将越来越差，造成皮带打滑，启动困难，传动效率降低，抽油机井不能正常工作等问题。所以生产一段时间后，就需要更换电机传动皮带，本处以更换C型皮带为例进行介绍。

1. 准备工作

(1) 穿戴好劳保用品。

(2) 需要准备的工具有：规格型号相同的新皮带一副，1000mm、500mm标准撬杠各1根，600mm管钳、450mm、375mm、300mm活动扳手各1把，绝缘手套1只，试电笔1支，细纱布若干，班报表，记录笔。

2. 操作步骤

(1) 停抽

① 用试电笔检测电控柜外壳，确认安全，打开电控柜门，按停止按钮停抽，将抽油机驴头停在接近上死点的位置，刹紧刹车。

② 侧身拉闸断电。

③ 记录停抽时间，关电控柜门，断开铁壳开关。

④ 检查刹车，以刹车锁块在其行程范围的1/2~2/3之间刹紧，各部件连接完好为宜。

(2) 向前移动电机

① 卸下电机前顶丝，松开前固定螺栓，注意：为了防止固定螺丝底脚卡在滑轨槽内，固定螺母不要松的过大。

② 卸下电机后顶丝，卸松后固定螺母。

③ 用撬杠向前移动电机，使皮带松弛。

(3) 取下旧皮带。摘手套取下旧皮带。

(4) 装上新皮带。将新皮带装入减速箱皮带轮槽内，然后再逐根装入电机皮带轮槽内，并检查皮带无窜槽、交叉等现象。

(5)向后移动电机。用撬杠向后移动电机。

(6)紧电机顶丝

① 紧电机前顶丝,调整皮带松紧度,皮带的松紧度在两轮之间以下压2~3cm为合格,检查皮带的松紧度时,严禁手抓皮带。

② 紧电机后顶丝,调整两皮带轮"四点一线",调整过程中,要边调边检查"四点一线"。

(7)紧电机固定螺栓。先紧电机后固定螺栓,再紧电机前固定螺栓。

(8)开抽

① 检查抽油机周围无障碍物,松开刹车。

② 合上铁壳开关,用试电笔检测电控柜外壳,确认安全,打开电控柜门,侧身合闸送电,按启动按钮,利用曲柄惯性启动抽油机。

③ 记录开抽时间,关好电控柜门。

(9)检查抽油机。检查新更换的皮带松紧合适,抽油机运转正常。

(10)清理现场。收拾擦拭工具用具并摆放整齐。

(11)填班报表。将有关数据填入班报表。

3. 技术要求及安全注意事项

(1)挂皮带时要站稳,防止滑脱,所换皮带不允许新旧混用。

(2)如两皮带轮端面达不到"四点一线",可卸松滑轨固定螺栓,调整滑轨。

(3)"四点一线"是指从减速箱皮带轮外边缘向电机皮带轮外边缘拉一条通过两轴中心的线,且通过两皮带轮边缘的四点在同一条直线上。

(4)在现场操作必须有监护人,抽油机上进行的任何操作都必须在停机刹车的状态下进行。

(5)掺水井控制掺水量,使用加热装置的井应在操作前后适当调整温度。

(6)该项目操作时间为15min。

十一、更换游梁式抽油机驴头毛辫子

抽油机驴头毛辫子,是抽油设备中承受负荷和传递动力的柔性部件,并且通过毛辫子在抽油机驴头弧面上周而复始的盘绕、释放、弯曲、拉伸,将抽油机驴头的弧线运动变为抽油杆柱在井筒内的上下往复运动。由于毛辫子不停的弯曲、拉伸以及负荷变化,长期使用将造成疲劳破坏,当毛辫子起刺、断股现象严重时将导致毛辫子断脱事故的发生,影响抽油机井的正常生产,因此,应及时检查和更换毛辫子是保证油井正常生产、减少机械事故发生的一项重要的措施。

1. 准备工作

（1）穿戴好劳保用品。

（2）需要准备的工具用具有：与抽油机型号相匹配的新毛辫子一套，500mm 标准撬杠 1 根，600mm 管钳、375mm、300mm 活动扳手、0.75kg 锤子、250mm 锉刀各 1 把，安全带 1 副，10m 棕绳 1 根，方卡子 1 副，绝缘手套 1 只，试电笔 1 支，细纱布若干，班报表，记录笔。

2. 操作步骤

（1）停抽

① 用试电笔检测电控柜外壳确认安全，打开电控柜门，侧身按停止按钮，将抽油机驴头停在接近下死点位置，刹紧刹车。

② 侧身拉闸断电。

③ 记录停抽时间，关好电控柜门，断开铁壳开关。

④ 检查刹车：以刹车锁块在其行程范围的 1/2~2/3 之间，各连接部件完好为宜。

（2）卸负荷

① 装卸载卡子：将方卡子大口朝上、小口朝下坐在盘根盒上，螺栓头部卡入槽中。两卡瓦片平行装入方卡子内，开口与方卡子开口一致。砸紧或用工具上紧卡瓦片，注意不要被铁屑击伤，卡瓦片外露 10mm 左右。

② 检查抽油机周围无障碍物，缓慢松刹车。

③ 合上铁壳开关，用试电笔检测电控柜外壳确认安全，打开电控柜门，侧身合闸送电。

④ 按启动按钮，利用曲柄惯性启动抽油机。

⑤ 待卸载卡子快接近井口时，按停止按钮，利用惯性将卸载方卡子坐在井口盘根盒上，驴头下行到下死点时，刹紧刹车，使光杆载荷由悬绳器转移到卸载卡子上。

⑥ 侧身拉闸断电，关好电控柜门，断开铁壳开关。

（3）卸悬绳器。卸掉悬绳器挡板，使毛辫子从悬绳中取出，取下悬绳器。

（4）更换毛辫子

① 上抽油机操作的人员系好安全带，携带棕绳，在抽油机驴头上挂好安全带，用棕绳将所需工具提上。

② 根据悬挂盘的不同，采取不同的方法将旧毛辫子取下，然后用棕绳系好放至地面。

③ 地面操作人将旧毛辫子解下，把新毛辫子用棕绳系好，抽油机上的操作

人将棕绳上提,把新毛辫子提上去并卡入悬挂盘槽内,使两侧毛辫绳长度相等,装好防脱压板、上紧螺母,用棕绳将用具放至地面。

④ 机上操作者解开安全带,回到地面。

(5) 安装悬绳器。将毛辫子铅锤卡入悬绳器槽内,装好挡板。

(6) 承载负荷

① 缓慢松刹车,使光杆载荷慢慢转移到悬绳器上,卸载卡子上移 100~200mm,并拉紧刹车。

② 在卸载卡子下方光杆上缠上细纱布,砸卸载方卡子,取下卡瓦片、方卡子,锉平毛刺,擦净光杆。

(7) 调整毛辫子。用管钳、撬杠调整悬绳器,防止毛辫子打扭。

(8) 开抽

① 检查抽油机周围无障碍物,缓慢松刹车,合上铁壳开关,用试电笔检测电控柜外壳确认安全,打开电控柜门,侧身合闸送电。

② 按启动按钮,利用曲柄惯性启动抽油机。

③ 记录开抽时间,关好电控柜门。

(9) 检查更换效果

① 运行过程中毛辫子无打扭现象;悬绳器上下盘水平无倾斜现象;检查井口无渗漏现象。

② 当驴头运行到上死点时,驴头下端距悬绳器上盘 250~300mm;当驴头运行到下死点时,下盘距盘根盒 400~450mm 之间。

(10) 清理现场。收拾擦拭工具用具并摆放整齐。

(11) 填写班报表。将有关数据填入班报表。

3. 技术要求及安全注意事项

(1) 装方卡子一定要砸紧或用工具上紧,严禁手抓光杆。

(2) 新换毛辫子上不准有生锈和硬伤。

(3) 铅锤制作是否合乎要求。

(4) 若发现毛辫子出现钢丝绳起刺断股应及时更换。

(5) 更换毛辫子后若逆时针打扭则逆时针转动两毛辫子铅锤;若毛辫子顺时针打扭,则顺时针转动两毛辫子铅锤。

(6) 两人在同一施工区域相互配合操作时,上方操作人员系好安全带,下方人员必须配戴安全帽,严禁抛掷工具、配件。

(7) 在现场操作必须有监护人,抽油机上进行的任何操作都必须在停机刹车的状态下进行。

(8) 掺水井控制掺水量，使用加热装置的井应在操作前后适当调整温度。

(9) 该项目操作时间为 60min。

十二、调整外抱式刹车片张合度

调整刹车片张合度，主要是为了保证抽油机停抽时刹紧刹车，确保进行抽油机保养和调整操作时不发生溜车事故；同时保证抽油机正常运行时，刹车轮和刹车片不发生摩擦。此操作是抽油机日常保养过程中非常重要的操作技能之一。现以调整外抱式刹车片张合度为例进行介绍。

1. 准备工作

(1) 穿戴好劳保用品。

(2) 需要准备的工具用具有：600mm 管钳、450mm、250mm 活动扳手各 1 把，细纱布、黄油若干，绝缘手套 1 只，试电笔 1 支，记录笔，班报表。

2. 操作步骤

(1) 停抽

① 用试电笔检测电控柜外壳，确认安全，打开电控柜门，按停止按钮，使抽油机自由停止。

② 侧身拉闸断电。

③ 记录停抽时间，关好电控柜门，断开铁壳开关。

(2) 涂抹黄油。将调节螺栓及长摇臂异形弧面涂抹黄油。

(3) 刹紧刹车。将刹把拉到刹车全部行程的 1/2~2/3 处。

(4) 调整调节螺栓。调整调节螺栓，使刹车箍全部抱住刹车轮并上紧调节螺栓及备帽，调整时应避免支撑座摇臂端头撞抽油机底座，而影响行程。如果出现上述情况，应缩短纵向拉杆，紧纵向调节螺栓，加长横向拉杆，松横向调节螺栓。

(5) 检查调整效果

① 检查抽油机周围无障碍物，松开刹车，检查调整效果。

② 全部松开刹车时两刹车片距离相同，一般刹车轮与刹车片的间隙为 2~3mm。

③ 合上铁壳开关，用试电笔检测电控柜外壳，确认安全，打开电控柜门，侧身合上闸刀送电，按启动按钮，利用曲柄惯性启动抽油机。

④ 按停止按钮，将抽油机驴头停在自由位置，刹紧刹车，侧身拉闸断电，关好电控柜门，断开铁壳开关。

⑤ 用手扳动刹车把，拉起刹车锁块，向前推刹车把，推到位后再回拉，确

认刹车锁块在其行程范围的 1/2~2/3 之间。再次向前推送到位，使刹车蹄片被弹簧弹起，刹住车后，短摇臂端头距抽油机底座保持在 10mm 以上，各部件连接完好为宜。

（6）开抽

① 检查抽油机周围无障碍物，将刹车全部松开，合上铁壳开关，用试电笔检测电控柜外壳，确认安全，打开电控柜门，侧身合闸送电，按启动按钮，利用曲柄惯性启动抽油机；

② 记录开抽时间，关好电控柜门。

（7）清理现场。收拾擦拭工具用具并摆放整齐。

（8）填写班报表。将有关数据填入班报表。

3. 技术要求及安全注意事项

（1）刹车松紧合适，灵活可靠，刹车轮与刹车片的间隙为 2~3mm；

（2）调整后，短摇臂端头距抽油机底座保持在 10mm 以上；

（3）在现场操作必须有监护人，抽油机上进行的任何操作都必须在停机的状态下进行；

（4）掺水井控制掺水量，使用加热装置的井应在操作前后适当调整温度；

（5）该项目操作时间为 20min。

十三、用钳型电流表检查抽油机平衡

使用钳型电流表测量电动机工作电流是采油工管理抽油机井，判断抽油机运转状况的一项操作技能。通过正确使用钳型电流表，测量电动机各相线在抽油机上下冲程中通过的电流值，可以计算、判断抽油机平衡状况及确定需要调整的方向、距离和油井生产情况。

准备工作如下：

（1）穿戴好劳保用品。

（2）需要准备的工具、用具。

数字式钳型电流表 1 块，试电笔 1 支，细纱布若干，计算器，记录笔，记录纸。

十四、典型示功图分析

抽油机井典型示功图是指在理论示功图的基础上，只考虑某一因素影响下的载荷随位移的变化关系曲线。典型示功图可作为生产现场判断抽油机泵工况的参考依据，也是综合分析实测示功图的第一步。因此，采油工人应掌握分析典型示功图的能力。

1. 常见典型示功图

(1) 气体影响示功图；

(2) 充不满影响示功图；

(3) 漏失影响示功图；

(4) 抽油杆断脱影响示功图；

(5) 出砂影响示功图；

(6) 结蜡影响示功图；

(7) 带喷井影响示功图；

(8) 活塞脱出工作筒示功图；

(9) 活塞下行碰泵影响示功图；

(10) 稠油影响示功图。

2. 气体影响示功图

由于在下冲程末余隙内还残存一定数量的溶解气和压缩气，上冲程开始后泵内压力因气体的膨胀而不能很快降低，加载变慢，使吸入阀打开滞后（图中 B' 点）。残存的气量越多，泵口压力越低，则吸入阀打开滞后的越多，即 BB' 线越长。$B'C$ 线为上冲程柱塞有效冲程。

下冲程时，气体受压缩，泵内压力不能迅速提高，卸载变慢，使排出阀滞后打开（图中 D' 点）。泵的余隙越大，进入泵内的气量越多，则 DD' 线越长。$D'A$ 线为下冲程柱塞有效冲程。

而当进泵气量很大而沉没压力很低时，泵内气体处于反复压缩和膨胀状态，吸入和排出阀处于关闭状态，出现"气锁"现象。

示功图形状如图 4-20 中点画线所示。

根据示功图可计算气体使泵效降低的数值 η'_g 和充满系数 β：

$$\eta'_g = \frac{DD'}{S}$$

式中 S——光杆冲程。

$$\beta = \frac{AD'}{AD}$$

3. 充不满影响的示功图

当沉没度过小或供液不足使液体不能充满工作筒时，均会影响示功图（见图 4-21）的形状。

供液不足不影响示功图的上冲程，与理论示功图相近。

下冲程由于泵筒中液体充不满，悬点载荷不能立即减小，只有当柱塞遇到液面时，才迅速卸载，卸载线与增载线平行，卸载点较理论示功图卸载点左移。

有时，当柱塞碰到液面时，产生振动，最小载荷线会出现波浪线。

充不满程度越严重，则卸载线越往左移。

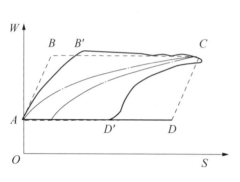

图 4-20　气体影响的理论示功图

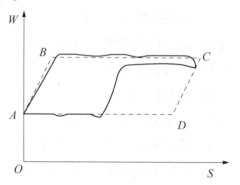

图 4-21　充不满影响的理论示功图

4. 漏失影响的示功图

漏失主要指排出部分漏失即游动阀漏失、吸入部分漏失即固定阀漏失和油管漏失三种情况，下面分别予以介绍。

（1）排出部分漏失。上冲程时，泵内压力降低，柱塞两端产生压差，使柱塞上面的液体经过排出部分的不严密处（阀及柱塞与衬套的间隙）漏到柱塞下部的工作筒内，漏失速度随柱塞下面压力的减小而增大。由于漏失到柱塞下面的液体有向上的"顶托"作用，悬点载荷不能及时上升到最大值，使加载缓慢。

随着悬点运动的加快，"顶托"作用相对减小，直到柱塞上行速度大于漏失速度的瞬间，悬点载荷达到最大载荷（如图 4-22 中 B' 点）。

当柱塞继续上行到后半冲程时，因柱塞上行速度又逐渐减慢，在柱塞速度小于漏失速度瞬间（如图 4-22 中 C' 点），又出现了液体的"顶托"作用，使悬点负荷提前卸载。到上死点时悬点载荷已降至 C'' 点。

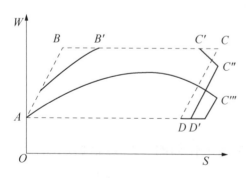

图 4-22　排出部分漏失的理论示功图

下冲程，排出部分漏失不影响泵的工作。因此，示功图形状与理论示功图相似。

由于排出部分漏失的影响，吸入阀在 B' 点才打开，滞后了 BB' 这样一段柱塞冲程；而在接近上死点时又在 C' 点提前关闭。这样柱塞的有效吸入行程为 $B'C'$。

在此情况下的泵效 η 计算公式如下：

$$\eta = \frac{B'C'}{S}$$

漏失量越大，$B'C'$线越短。

当漏失量很大时，由于漏失液对柱塞的"顶托"作用很大，上冲程载荷远低于最大载荷，如图中AC'''所示，吸入阀始终是关闭的，泵的排量等于零。

(2) 吸入部分漏失。下冲程开始后，由于吸入阀漏失，泵内压力不能及时提高而延缓了卸载过程，使排出阀不能及时打开。只有当柱塞速度大于漏失速度后，泵内压力提高到大于液柱压力，将排出阀打开而卸去液柱载荷。

悬点以最小载荷继续下行，直到柱塞下行速度小于漏失速度的瞬间。

泵内压力降低使排出阀提前关闭，悬点提前加载，到达下死点时，悬点载荷已增加到图4-23中A''。

上冲程，吸入部分漏失不影响泵的工作，示功图形状与理论示功图形状相近。

由于吸入部分的漏失而造成排出阀打开滞后(DD')和提前关闭(AA')。

活塞的有效排出冲程为$D'A'$。

在此情况下的泵效η计算公式如下：

$$\eta = \frac{D'A'}{S}$$

当吸入阀严重漏失时，排出阀一直不能打开，悬点不能卸载。示功图位于最大理论载荷线附近。由于摩擦力的存在，示功图成条带状。

(3) 双凡尔漏失的示功图。双凡尔漏失即吸入部分与排出部分同时漏失，它的示功图(见图4-24)是吸入部分与排出部分分别漏失时的示功图叠加，近似于椭圆形，位于最大理论载荷线和最小理论载荷线之间。

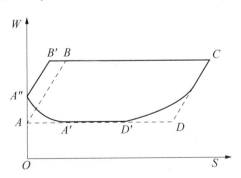
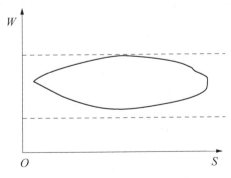

图4-23　吸入部分漏失的理论示功图　　图4-24　双凡尔漏失的理论示功图

(4) 油管漏失的示功图。油管漏失不是泵本身的问题，所以示功图(见图4-25)形状与理论示功图形状相近，只是由于进入油管的液体会从漏失处漏入油管、套管的环形空间，使作用于悬点上的液柱载荷减小，不能达到最大理论载荷值(如图4-25所示)。

通过示功图根据下式可计算出漏失位置：

$$L = \frac{h \cdot C}{q'_1}$$

式中　q'_1——活塞全部面积上每米液柱重量；kN/m；

　　　L——漏失点距井口深度；m；

　　　h——漏失点距井口在图上的高度；mm；

　　　C——力比；kN/mm。

5. 抽油杆断脱影响的示功图

抽油杆断脱后的悬点载荷实际上是断脱点以上的抽油杆柱在液体中的重量，悬点载荷不变，只是由于摩擦力的存在，使上下载荷线不重合，成条带状。如图4-26所示。

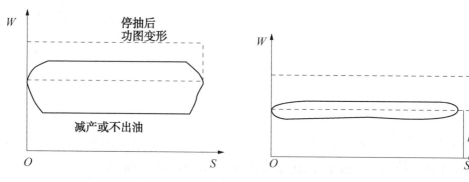

图4-25　油管漏失的理论示功图　　图4-26　抽油杆断脱影响的理论示功图

示功图的位置取决于断脱点的位置：断脱点离井口越近，示功图越接近横坐标，由此示功图根据下式可计算断脱点至井口的距离：

$$L = \frac{h \cdot C}{q'_r}$$

式中　L——断脱点距井口距离，m；

　　　q'_r——每米抽油杆在液体中质量，kN/m；

　　　h——示功图中线到横坐标的距离，mm；

　　　C——力比，kN/mm。

6. 油层出砂影响的示功图

油层出砂主要是因为地层胶接疏松或生产压差过大，在生产过程中使砂粒移动而成的。细小砂粒随着油流进入泵内，使柱塞在整个行程中或在某个区域，增加一个附加阻力。上冲程附加阻力使悬点载荷增加，下冲程附加阻力使悬点载荷减小。由于砂粒在各处分布的大小不同,影响的大小也不同,致使悬点载荷会在短时间内发生多次急剧变化,因此使示功图在载荷线上出现不规则的锯齿状尖峰,当出砂不严重时,示功图的整个形状仍与理论示功图形状近似,如图 4-27 所示。

7. 油井结蜡影响的示功图

由于油井结蜡,使活塞在整个行程中或某个区域增加一个附加阻力,上冲程,附加阻力使悬点载荷增加;下冲程,附加阻力使悬点载荷减小,并且会出现振动载荷,反映在示功图上,上下载荷线上出现波浪型弯曲,如图 4-28 所示。

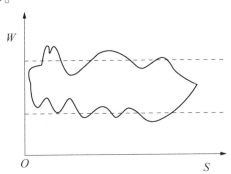 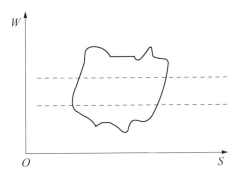

图 4-27 油层出砂影响的理论示功图　　图 4-28 油井结蜡影响的理论示功图

8. 带喷井的示功图

对于具有一定自喷能力的抽油井,抽汲实际上只起诱喷和助喷的作用。在抽汲过程中,游动阀和固定阀处于同时打开的状态,液柱载荷基本加不到悬点。示功图的位置和载荷变化的大小取决于喷势的强弱及抽汲液体的黏度,如图 4-29 和图 4-30 所示。

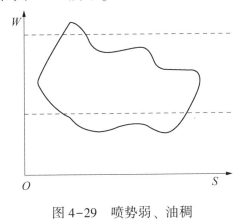

图 4-29 喷势弱、油稠　　图 4-30 喷势强、油稀带喷

9. 管式泵活塞脱出工作筒的示功图

由于活塞下的过高,在上冲程中活塞会脱出工作筒,悬点突然卸载,因此

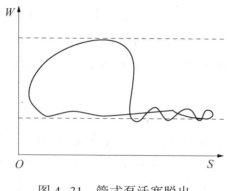

图 4-31 管式泵活塞脱出工作筒的理论示功图

卸载线急剧下降。另外由于突然卸载,引起活塞跳动,反映在示功图中,右下角为不规则波浪形曲线,如图 4-31 所示。

10. 活塞下行碰泵影响的示功图

活塞下行碰泵影响的示功图如图 4-32 所示,主要特征是在左下角有一个环状图形。

原因是由于防冲距过小,当活塞下行接近下死点时,活塞与固定凡尔相碰撞,光杆负荷急剧降低,引起抽油杆柱剧烈振动,这时活塞又紧接着上行而引起的。同时由于振动引起游动凡尔和固定凡尔跳动,封闭不严,造成漏失使载荷减小。

11. 稠油影响示功图

主要特点是:上下载荷线变化幅度大,而且原油粘度越大,幅度变化越大;示功图(见图 4-33)的四个角较理论示功图圆滑。

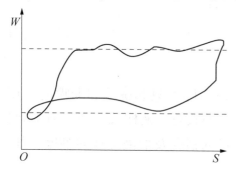

图 4-32 活塞下行碰泵影响的理论示功图

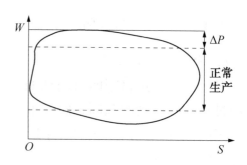

图 4-33 稠油影响的理论示功图

形成原因:稠油因其黏度大,所以流动摩擦阻力增加,因此上行时光杆载荷增加,下行时光杆载荷减小。另外由于油稠使阀球的开启、关闭滞后现象明显,致使增载、减载迟缓,所以增载线和卸载线圆滑。

第三节 注水实训

一、注水井开井

1. 操作步骤及标准

(1)由此次操作的负责人根据操作的具体内容,对此项操作进行 HSE 风险评估，并制定和实施相应的风险削减措施；

（2）当正注时，关闭油管出水闸门，打开油管进水闸门，关闭套管进水闸门，打开套管出水闸门和套压表截止阀。要求：开井前先洗井；

（3）用水表计量的井先打开配水间上流闸门，稍开下流闸门，密切注视水表数值变化，根据配注调节下流闸门以达到要求；

（4）记录开井时间、注水压力和注水量。

2. 技术要求及注意事项

（1）各闸门要经常注黄油保养；

（2）开关闸门要平稳操作，泵压波动不应大于0.2MPa；

（3）开关闸门要侧身，不准面对闸门丝杠；

（4）用水表计量必须用下流闸门调节水量。要求：正确控制配水间水量阀，合理调节水量；

（5）合注井如采用K344封隔器应先开油管进水闸门，待压力升起30min后，再开套管进水闸门，正常注水时使油套压差保持在0.6~0.9MPa。

二、倒注水井正注流程

1. 准备工作

（1）注水井1口，标准是配水间在井口的单配水间注水井，井口油套压表、水表齐全好用；

（2）准备工具、用具：600mm的管钳或"F"型扳手1把，秒表1块及纸笔；

（3）穿戴好劳保用具。

2. 操作步骤

（1）携带准备好的工具、用具到井口，首先检查：

① 流程，没倒流程前注水井流程所处的状态（关井停注状态、反洗井状态、吐水状态、冲洗干管线状态）；本节指的是由反洗井状态下的流程，倒正常正注流程——即开的阀门为注水上流阀、注水下流阀、来水阀、注水总阀，关的阀门为油套连通阀、套压阀、测试阀、油管放空阀。

② 仪表齐全情况，仪表要齐全好用。

（2）正式操作（倒流程）

① 关闭井口的油套洗井（连通）阀门，先用手顺时针旋转手轮至关不动时，再用管钳卡在手轮内的适当位置用力打紧，确认关严；

② 开井口来水（注水）阀，先用管钳或"F"扳手（注意开口背向阀体）卡在手轮的一当位置用力缓慢逆时针方向开阀门，听到有"刺水声"立即停止，拿下工

具，侧开身子，一丝杠有向外撞击（井口采油树液体充满，压力上升）时，再用管钳继续开，在感觉不太费时放下管钳，用双手匀速开大，在开到最大时，再返回1扣左右，不至于以后时间长及受一力冲击卡住而不好关闭。

（3）调整水量

① 调整配水间注水下流阀，按本井注水指示牌上的定量、定压范围开关调整配水间租一下流阀的大小，并用秒表卡一下瞬时水量；

② 记录好资料，记录好井号、倒流程时的时间、注水压力、瞬时水量、套压、泵压资并及时填入班报表。

（4）收拾工用具，清理现场。

3. 注意事项

（1）开来水阀时要侧身，初期（未打开前）一定要慢慢开；

（2）管钳开口不要开的过大，开口要背向阀体；

（3）井口若装有洗井所用的放空（溢流）管线时一定要在开来水阀前卸掉；

（4）刚洗完井，注水量一定要控制适当。

三、调整注水井注水量

1. 准备工作

（1）选择单井配水间注水井1口，注水指示牌内容齐全准确，井口仪表齐全符合要求；

（2）准备工具、用具："F"型扳手、把，秒表1块，计算器1个，纸笔；

（3）穿戴好劳保着装。

2. 操作步骤

（1）携带好工具、笔、计算器、秒表到井口现场，检查注水装置，如图4-34所示，定压定量注水指示牌及测试日期；

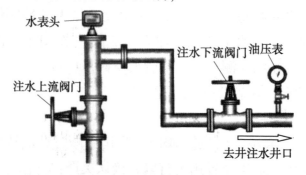

图4-34 注水井调控注水量流程示意图

（2）核实注水井油压值与指示牌上的定压范围控制情况，并将目前注水油压卡水表瞬时水量，与指示牌上的对应压力、水量进行对比，根据情况确定是否需要调整水量；注水泵压是多少；

（3）调整注水量

① 如果上述核实压力、卡瞬时水量后认为是欠注的，则需要往上调整注水量，用"F"型扳手缓慢开注水下流阀门——注水调控阀门，使压力上升 0.2～0.4MPa，等几分钟（5min 左右）稳定后，用秒表卡水表瞬时水量，如还达不到定量范围，就可再继续开注水调控阀门，提高注水压力，但不能超过指示牌上的最高压力值 P_{max}，若是注水压力已到最高值（上限）时，水量还注不到定量范围，说明该注水井已不对扣，需做其他核实调查工作；

② 如果用秒表卡水表瞬时水量时，水量超定量范围，则要控制降低压力，来调整控制注水量：即缓慢关注水调控阀门，也同上面一样不要一次调整过大，等稳定后，用秒表卡水表瞬时水量，是否在定量范围内，如还超范围，继续关注水阀门，再下调注水量，至达到合格为止；若是压力调到定压下限值 P_{max} 时，瞬时水量还超，也说明该井此时已不对扣了。

③ 在调控合适后，记录下注水油压及瞬时水量和水表底数，并记录好上交。

3. 注意事项

（1）调控水量一定要用注水下流阀门来调控；

（2）开关阀门时一定要侧身；

（3）上调水量即开大下流阀后，此时泵压与控制注水油压相同时就不必再上调了；

（4）水表头如果是电子式二次显示的，瞬时水量可作参考。

四、注水井巡回检查

注水井巡回检查，主要是检查水井工作状况和配注任务的完成情况。如果水井不能正常生产、达不到配注要求就容易造成地下亏空，油井产量下降；如果超出配注要求就容易造成油井水淹，影响油田开发效果。

1. 准备工作

（1）穿戴好劳保用品；

（2）需要准备的工具有 600mm 管钳、375mm 活动扳手各一把，细纱布若干，班报表，记录笔。

2. 操作步骤

（1）记录、检查。记录井号、日期，检查注水井采油树各阀门开关齐全可靠，井口各连接处无渗漏现象；

（2）录取压力值。录取井口压力，观察压力时眼睛、指针、刻度呈一条垂直于表盘的直线；

（3）检查单井管。检查该注水井的单井管线是否有穿孔刺漏现象；

（4）录取泵压、油压、调整注水量

① 检查配水间各阀门有无渗漏现象；

② 检查配水间管线及各连接处有无穿孔或渗漏处，检查压力表完好，量程合适，水量是否合适；

③ 录取配水间泵压、各单井油压、水表底数等各项资料；

④ 根据配注方案检查配注的完成情况，根据泵压的变化，调整下流阀门调节注水量直至达到配注要求，记录调整后油压值。

（5）清理现场。收拾擦拭工具用具并摆放整齐；

（6）填写班报表。将有关数据填入班报表。

3. 技术要求及安全注意事项

（1）井口装置、配水间各阀门零部件齐全、无渗漏、清洁无腐蚀；

（2）注水量按注水指示牌进行调整，当注水指示牌只给日配注而未给出其范围时，可按其上下浮动20%进行折算；

（3）各项资料的录取一定要按时，并且要求齐全准确；

（4）此项目操作时间为15min。

五、注水井反洗井

注水井反洗井是注采生产日常管理中的一项重要工作。其目的是清除井筒、井底及注水层渗流表面污物，确保水井完成生产配注。

1. 准备工作

（1）穿戴好劳保用品；

（2）需准备的工具用具有600mm管钳一把、"F"型扳手、细纱布若干、班报表、记录笔。

2. 操作步骤

（1）检查流程，录取资料。检查注水流程各连接部件完好、装置齐备、无渗漏；录取泵压、油压、水表底数等有关资料；了解井下工具技术状况，确定洗井方案；校对水表；

（2）倒流程

① 侧身关配水间下流阀门，记录关井时间，水表底数；

② 侧身关闭井口油管注水阀门；

③ 侧身缓开井口油管洗井阀门；

④ 侧身缓开井口油管洗井连接阀；

⑤ 侧身缓开井口套管注水阀门。

（3）控制排量洗井。侧身调节配水间下流阀门控制水量，分三个阶段进行反洗井：

① 微喷不漏阶段：喷量一般不大于 $3m^3/h$。记录注水水表瞬时水量为 $15\sim20m^3/h$，洗至出口液体无黑臭，计时约 $1\sim2h$，出口液量可通过安装水表或利用计量水罐进行计量；

② 平衡洗井阶段：进出口排量一致，排量为 $25m^3/h$ 左右，洗至进出口水质相同，计时约 $1\sim2h$；

③ 稳定洗井阶段：进出口排量一致，排量为 $30m^3/h$ 左右，计时约 $2h$，洗至进出口水质完全相同，进口水量略大于出口排水量。

（4）恢复原流程。洗井合格后，侧身关闭配水间下流阀门，记录水表底数及洗井停止时间，并将井口恢复原正注流程；

（5）调水量。侧身缓慢开配水间下流阀门并按注水指示牌调整好水量，记录开井时间；

（6）清理现场。收拾擦拭工具、用具，并摆放整齐；

（7）记录班报表。将有关的数据资料填入班报表。

3. 技术要求及安全注意事项

（1）开关阀门时一定要侧身平稳操作；

（2）倒流程顺序不能颠倒，防止损坏井下工具或引起地层压力激动；

（3）注意：没有洗井流程的井应接放空管线，防止环境污染；

（4）洗井时应更换大排量的水表芯子，水表底数一定要记录清楚包括洗井前水表底数、洗井后水表底数，并计算洗井水量；

（5）洗井进出口水质一致为合格。

第四节　常规技能实训

一、更换井口回压阀门

井口回压阀门在油井生产过程中出现开关不灵活、渗漏、损坏、闸板脱落等现象时，将引起环境污染，影响资料的录取及油井维护等，甚至影响油井正常生产。因此，必须及时更换井口回压阀门，保证其正常使用。

1. 准备工作

(1) 穿戴好劳保用品；

(2) 需要的工具用具有相同规格新的回压阀门一个，M16×60mm 六角螺栓 4~8 条，500mm 标准撬杠、600mm 管钳、300mm、250mm 活动扳手各一把，300mm 锯条一根，绝缘手套一只，试电笔一支，中压石棉垫圈两个，排污桶一个，铅油、细纱布若干，记录笔，班报表。

2. 操作步骤

(1) 停抽

① 用试电笔检测电控柜外壳，确认安全，打开电控柜门，按停止按钮，根据油井实际生产状况将驴头停在合适的位置，刹紧刹车；

② 侧身拉闸断电；

③ 记录停抽时间，关好电控柜门，断开铁壳开关。

(2) 倒流程

① 侧身关井口生产阀门，计量站倒放空流程；

② 缓慢打开取样阀门，用排污桶放空或连接管线放空，观察回压表，压力落零后，移开排污桶；

③ 卸回压阀门。先卸松下法兰螺栓，用撬杠撬动法兰放净管线余压，再卸下上下法兰全部螺栓，取下旧阀门。

④ 清除法兰面污物清除管道上下法兰盘面及水线污物；

⑤ 装回压阀门：

a. 检查预换阀门开关灵活、闸板密封合格后装入两法兰盘之间，穿好定位螺栓。注意：螺栓丝扣端头应在阀门法兰内侧；

b. 将新石棉垫圈两面均匀涂抹铅油，分别装入回压阀门上、下法兰盘与连接法兰之间，使垫圈与上下两法兰同一轴心；

c. 穿上所有固定螺丝，并对角均匀上紧，徒手检查上下两法兰面是否平行。

⑥ 关闭取样阀门。

⑦ 倒流程。关放空，侧身缓开计量站下流阀门试压，下法兰无渗漏，侧身稍开回压阀门试压，上法兰无渗漏全部打开回压阀门，侧身打开井口生产阀门；

⑧ 开抽：

a. 检查抽油机周围无障碍物，缓慢松开刹车；

b. 合上铁壳开关，用试电笔检测电控柜外壳，确认安全，打开电控柜门，侧身合闸送电，按启动按钮，利用惯性启动抽油机；

  c. 记录开抽时间，关好电控柜门。

  d. 检查回压阀门无渗漏，抽油机运转正常后，方可离开。

⑨ 清理现场。收拾擦拭工具用具、并摆放整齐；

⑩ 记录报表。将有关数据填入班报表。

3. 技术要求及安全注意事项

（1）正确使用工具、严格遵守环保要求，不能对地放空、放油；

（2）回压阀门安装时应与管道同心，如不同心，可用撬杠调整；

（3）在现场操作必须有监护人；

（4）掺水井关闭掺水量，使用加热装置的井应在操作前后适当调整温度；

（5）该项目操作时间为30min。

二、更换井口取样阀门

在油井管理工作中，如果发现井口取样阀门开关不灵活、渗漏、损坏等问题，就要及时进行更换，以免环境污染、保证油井的正常生产和取样工作。

1. 准备工作

（1）穿戴好劳保用品；

（2）需要准备的工具有600mm管钳、300mm活动扳手各一把，绝缘手套一只，试电笔一支，相同型号的阀门一个，生料带一卷，排污桶一只，钢丝刷一个，细纱布若干，记录笔，班报表；

（3）检查新阀门。检查新阀门开关灵活好用。

2. 操作步骤

（1）停抽

① 用试电笔检测电控柜外壳确认安全，打开电控柜门，按停止按钮，根据油井的实际的生产情况停抽，将抽油机驴头停在合适的位置，刹紧刹车；

② 侧身拉闸断电；

③ 记录停抽时间，关好电控柜门，断开铁壳开关；

④ 检查刹车，以刹车锁块在其行程范围的1/2~2/3之间，各部件连接完好为宜。

（2）倒流程。侧身关闭生产阀门、关闭回压阀门；

（3）开取样阀门。缓慢打开取样阀门用排污桶放空，放净余压；

（4）卸下旧取样阀门。观察回压表，待压力落零后，卸下旧的取样阀门；

（5）装上新取样阀门。清理、检查丝扣无损坏，按照顺时针的方向缠生料带，将新阀门按低进高出安装并上紧，使阀体呈垂直状，装好取样弯头；

（6）检查更换效果。关闭取样阀门，侧身稍开回压阀门试压，观察取样阀门无渗漏现象后，全部打开回压阀门；

（7）打开生产阀门。侧身打开生产阀门；

（8）开抽

① 检查抽油机周围无障碍物，缓慢松开刹车，合上铁壳开关，用试电笔检测电控柜外壳，确认安全，打开电控柜门，侧身合闸送电；

② 按启动按钮，利用曲柄惯性启动抽油机；

③ 记录开抽时间，关好电控柜门。

（9）清理现场。收拾擦试工具用具、并摆放整齐；

（10）填写班报表。将有关资料填入班报表。

3. 技术要求及安全注意事项

（1）球形阀门安装方向一定要低进高出，防止造成开关不灵活或凡尔球脱落打不开，用扳手拧阀门时用力及拧紧程度要适当，防止阀体丝扣处破裂，损坏阀门；

（2）双翼生产的油井更换取样阀门时不需关井，可倒入另一翼生产。倒流程时要注意先开后关、先开低压后开高压阀门，压力波动在 0.2MPa 之内；

（3）在现场操作必须有监护人；

（4）掺水井控制掺水量，使用加热装置的井应在操作前后适当调整温度；

（5）该项目操作时间为 10min。

三、更换井口胶皮闸门闸板

胶皮闸门闸板在长期使用的过程中，由于种种的原因导致损坏，造成更换光杆密封圈时胶皮闸门关不严，发生刺漏现象，影响更换光杆密封圈操作的顺利进行，同时造成环境污染。因此，一旦发生闸板损坏，必须及时进行更换。

1. 准备工作

（1）穿戴好劳保用品；

（2）需要的工具用具有 600mm 管钳、200mm 活动扳手、100mm 梅花螺丝刀各一把，绝缘手套一只，试电笔一支，同型号胶皮阀门闸板一对，钢丝刷一个，排污桶一个，生料带一卷，黄油、细纱布若干，记录笔，班报表。

2. 操作步骤

（1）停抽

① 用试电笔检测电控柜外壳确认安全，打开电控柜门，按停止按钮，将驴

头停在合适的位置，刹紧刹车；

② 戴绝缘手套侧身拉闸断电，记录停抽时间，关电控柜门，断开铁壳开关。

（2）倒流程。侧身关闭回压阀门，打开取样阀门用排污桶放空，观察压力表落零；

（3）卸芯子。卸松导向螺钉，用管钳卸压帽，同时关胶皮阀门，边卸边晃动卸掉余压，直至卸掉压帽，连同芯子一起抽出；

（4）取旧闸板。摘下胶皮芯座，卸掉胶皮芯固定螺钉、固定压板，取下旧胶皮芯，清理胶皮芯座、胶皮阀门内腔，清理连接螺纹，顺时针缠上生料带；

（5）装新闸板。新闸板均匀涂抹黄油，安装在胶皮芯座上（注意：固定螺丝要均匀上紧）；

（6）装芯子。将胶皮芯座导向槽对准导向螺钉推入，边紧压帽边松丝杠，直至上紧压帽，拧紧导向螺钉，用同样的方法更换另一侧胶皮阀门闸板；

（7）倒流程。关放空阀门，侧身稍开回压阀门，检查井口不渗、不漏，将回压阀门全部打开；

（8）开抽。检查抽油机周围无障碍物，缓慢松刹车，合上铁壳开关，用试电笔检测电控柜外壳确认安全，打开电控柜门，侧身合闸送电，按启动按钮，利用曲柄惯性启动抽油机。记录开抽时间；关好电控柜门；

（9）清理现场。收拾擦拭工具用具并摆放整齐；

（10）填写班报表。将有关数据填入班报表。

3. 技术要求及安全注意事项

（1）严格遵守环保要求，放空时将污油放入排污桶；

（2）如有自喷能力的井，应将活塞座到底，如仍不能控制喷势，可采用井口放喷或循环压井的方式，压井后再操作；

（3）在现场操作必须有监护人；

（4）掺水井控制掺水量，使用加热装置的井应在操作前后适当调整温度；

（5）该项目操作时间为 15min。

四、油井金属管线带压打卡子

带压打卡子：油井管线长期埋设在地下，由于受管线中流体和其他因素的影响，产生化学或电化学腐蚀，造成管线穿孔现象，管线一旦穿孔则会造成井液泄漏，污染环境和油井停产，经济损失极大，为此要在最短的时间内将穿孔处封堵起来，恢复油井生产，尽量减少经济损失。

1. 准备工作

（1）穿戴好劳保用品；

（2）需要准备的工具、用具有铁锹两把，排水桶一个，300mm、250mm活动扳手、250mm平口螺丝刀、200mm钢丝钳、0.75kg锤子、300mm手钢锯、剪刀各一把，铁丝、细纱布若干，与穿孔位置管径相合适的卡子，密封材料。

2. 操作步骤

（1）清理管线穿孔处，将穿孔处的土方全部挖掉，使管线全部裸露出来，保证操作方便；将穿孔附近管线的防腐和保温材料清除干净，便于安装卡子和拧螺丝。穿孔在直管上，清除时应在穿孔一侧清除相当于卡子宽度两倍以上。注：使用专用打卡机除外。

（2）安装卡子

① 将已制作好并带有密封胶垫的卡子安装在清除段上，将螺栓适当拧紧，使卡子密封材料面距管子外壁约2~3mm，以便于卡子移动；注意：如果有可能，先用楔子钉入穿孔处止喷；

② 迅速将卡子推至穿孔处，使穿孔处于带密封材料的卡子中心，同时迅速拧紧螺栓，防止将密封材料刺坏，边紧螺栓边用锤子锤击卡子，使密封材料充分贴合管壁。

（3）检查效果。用细纱布擦净操作部位，检查有无渗漏，做好防腐工作；

（4）清理现场。收拾擦拭工具用具并摆放整齐；

（5）填写班报表。将有关内容填入班报表中。

3. 技术要求及安全注意事项

（1）若螺栓拧紧后，仍有漏失，可用0.75kg锤子适当敲击整改或调整螺丝松紧度，达到不渗不漏的目的；

（2）要预防天然气中毒、并注意防止油水烫伤人；

（3）现场施工严禁烟火，操作现场应具备两人操作的空间；

（4）该项目操作时间为30min。

五、更换卡箍钢圈

采用卡箍连接的采油树，如果钢圈损坏，从卡箍处渗漏油、水，将造成井场污染，设备损坏。更换卡箍钢圈是采油工日常操作技能之一。

1. 准备工作

（1）穿戴好劳保用品；

（2）需要准备的工具有500mm标准撬杠一根，5kg大锤、600mm管钳、

200mm、300mm、375mm 活动扳手各一把，死扳手一个，同规格新卡箍钢圈一只，绝缘手套一只，试电笔一支，300mm 锯条一根，钢丝刷一把，细纱布、黄油若干，排污桶一个，班报表，记录笔。

2. 操作步骤

（1）停抽

① 用试电笔检测电控柜外壳确认安全，打开电控柜门，侧身按停止按钮，根据油井实际生产情况，将抽油机驴头停在合适的位置，刹紧刹车；

② 侧身拉闸断电，记录停抽时间，关好电控柜门，断开铁壳开关；

③ 检查刹车，以刹车锁块在其行程范围的 1/2~2/3 之间，各连接部件完好为宜。

（2）倒流程。侧身关闭生产阀门、回压阀门，打开放空阀用排污桶放空，观察回压表落零；

（3）更换卡箍钢圈

① 卸松回压阀门的四条螺栓，卸下回压表，卸卡箍螺栓，先取下卡箍片，再取上卡箍片，用撬杠使两卡箍头分开用排污桶放净管线内的油污，将旧卡箍钢圈取下，并进行检查，记录；清理卡箍端面、钢圈槽；

② 将新钢圈抹少许黄油后置于钢圈槽内，水平卡上卡箍，均匀上紧两侧紧固螺栓，上紧回压阀门的四条螺栓，安装回压表。

（4）倒回原流程。关闭放空阀门，侧身稍开回压阀门试压不渗不漏，全部打开回压阀门，侧身开生产阀门；

（5）开抽

① 检查抽油机周围无障碍物缓慢松刹车，合上铁壳开关，用试电笔检测电控柜外壳，确认安全，打开电控柜门，侧身合阀送电；

② 按启动按钮，利用曲柄惯性启动抽油机；

③ 记录开抽时间，关电控柜门。

（6）清理现场。收拾擦拭工具用具、并摆放整齐；

（7）填写班报表。将有关数据填入班报表。

3. 技术要求及安全注意事项

（1）正确使用工具、严格遵守环保要求，不能对地放空、排油；

（2）卡箍应水平，两侧均匀上紧，不准一侧开口大，一侧开口小；两螺栓应与螺母齐平，不得一侧留得很长，一侧只上几扣，上卡箍时根据需要可用锤震击；

（3）更换不同位置的卡箍，应根据实际情况在放空或压井后无压力时更换；

（4）在现场操作必须有监护人；

（5）掺水井控制掺水量，使用加热装置的井应在操作前后适当调整温度；

（6）该项目操作时间为20min。

六、检查电动机绝缘

电机长期连续运转，内部线圈绝缘层将会不断老化，绝缘程度降低，甚至造成电机内部短路烧坏电机，既影响生产又会造成经济损失。因此，检查电动机绝缘成为确定电机好坏的一项经常性的工作。

1. 准备工作

（1）穿戴好劳保用品；

（2）需要准备的工具、用具有500V兆欧表一块、MF500万用表一块，200mm活动扳手、200mm平口螺丝刀各一把，小夹子3个、鳄鱼夹2个、被测电动机一台，细纱布若干，500mm导线6根，记录纸，记录笔。

2. 操作步骤

（1）分绕组

① 卸下接线盒端盖及密封圈；

② 清理并擦净接线盒、接线板及接线柱；

③ 卸松压紧压帽，把六根导线分别与电机的6个引出线端连接，并用压帽压紧；

④ 检查万用表在有效使用期内，将万用表水平放置，用螺丝刀调整万用表指针机械调零螺丝，使指针指在零位。将参数转换钮调到电阻档，把量程转换钮调至1kΩ档，将红色测试杆插入正极插孔，黑色测试杆插入负极孔，两个测试笔尖对接，用电阻微调旋钮将指针调到零点；

⑤ 将一个测试笔尖与6个线端中的任意一线端相接，另一个测试笔尖分别接触其他线端，阻值最小的两个线端为同一相绕组，测出后做上记号，用同样的方法分出另外两相绕组。

（2）兆欧表检查。检查兆欧表，分为开路检查和闭路检查：将兆欧表水平摆放，以120r/min匀速摇动摇把，观看指针是否在"∞"位置，放电，再将"L""E"短接后慢慢摇动兆欧表，指针在"0"位上为合格方可使用；

（3）测量相间绝缘。由"L"、"E"引线分别连接电机1、2两相绕组，然后顺时针方向摇动兆欧表，转速保持在120r/min，稳定1min后读数，阻值不小于0.5MΩ说明被测两相绕组间绝缘良好；"E"线不动，再将"L"线在电机外壳放电后换到另一相绕阻3上，用同样方法进行检查。"L"线不动，再将"E"线放电后换到另一相绕组 2 上，用同样方法进行检查；

（4）测量对地绝缘。将兆欧表的"L"线与电机绕组 1 相接，"E"线与电机外壳相接，然后顺时针方向摇动兆欧表，转速保持在 120r/min，稳定 1 分钟后读数，阻值不小于 0.5MΩ 说明被测相对地绝缘良好，"L"线在电机外壳放电。用同样方法测其他 2、3 两相对地绝缘情况；

（5）清理现场。拆除导线，装好密封圈及接线盒端盖，收拾擦拭工具用具、并摆放整齐；

（6）填写记录纸。将所测数据填入记录纸并注明可否使用。

3. 技术要求及安全注意事项

（1）兆欧表、万用表要轻拿轻放、摆平；转换旋钮选择档位要正确，防止损坏仪表；

（2）分绕组时，双手不能同时接触两个测试笔尖；

（3）该项目必须由持有电工操作证的人员进行操作；

（4）该项目操作时间为 15min。

七、铰板套扣

铰板套扣就是利用铰板手动铰制管子外螺纹，目前广泛应用的铰扳型号为 114 型，可铰制 $\phi15 \sim \phi50$mm 的管材的外螺纹，可通过更换板牙的方法来实现，板牙有三种类型分别为 15~20mm、25~30mm、35~50mm。利用铰板手动铰制管子外螺纹是采油工应掌握的操作技能之一。

1. 准备工作

（1）穿戴好劳保用品；

（2）需要准备的工具有：带压力钳工作台 1 台，铰板 1 副，板牙 1 副，管子适量，加力管 1 根，管子割刀、机油壶、钢卷尺各 1 把，细纱布若干，标准件一件，钢丝刷 1 把，画线笔 1 支。

2. 操作步骤

（1）装板牙。将扳机按顺时针方向转到极限位置，松开小把，转动前盘，使两条"A"刻度线对正，然后将要用的板牙按 1、3、4、2 序号对应地装入牙架的四个槽内；将扳机按逆时针方向转到极限位置，然后调整前盖，使刻度与管径对应，上紧小把；

（2）夹管。拔出压力钳安全销，将管子水平夹持在压力钳上，并伸出压力钳 150mm 左右，插好安全销，并将管子夹紧；

（3）上板。将板架套入管件，转动后盖，调节扶正爪使铰板固定在管子上能够自由转动；

（4）套扣。操作人员站在管端侧前方，面向管件，两脚分开，一手用力向前推进铰板，另一手握手柄沿顺时针方向平稳而缓慢地转动铰板，待套进 1~2 扣时，根据转动的松紧情况，可调节扶正爪，并滴进机油润滑和冷却，经检验合格后，再继续套进，套进时要速度适中，且转动幅度尽可能大。当快要套到规定长度时：普通管子 25mm 以上，每 25mm 套 11 扣；19mm 以下，每 25mm 套 14 扣，边套边松扳机，同时再套 2~3 扣，使丝扣末端呈锥状，丝扣不秃、不乱、无毛刺，为了保证质量，套扣应分二到三板进行，每次都要滴进机油润滑和冷却；

（5）退牙。管子套到所需扣数后逐渐向回退板牙，松开扳机，逆时针转动后圈，松开扶正爪，取下板架；

（6）锯短节。用钢丝刷清理丝扣，用钢卷尺量出所需短节长度尺寸，做上记号，用管子割刀割下短节，长度误差不超过±2mm；

（7）卸牙。松开小把，按顺时针方向将扳机转到极限位置，转动前盘使两A刻度线对正，然后依次取下板牙，并清理摆放好；

（8）清理现场。收拾擦拭工具用具、并摆放整齐。

3. 技术要求及安全注意事项

（1）操作时严禁用力过猛，以防损坏牙块或伤人；

（2）注意调整活动前盘：防止装配时太松太紧，在同一次套丝过程中不得调整活动前盘，防止螺纹大径不均匀；

（3）操作人员应熟知管子铰板的使用注意事项，所铰制的管件长度误差应小于±2mm；丝扣外观应无毛刺、歪斜、乱扣、裂纹、丝扣不全等；用丝规或标准配件试装时应有 1/3 的长度能用手拧入，最后还剩 2~3 扣，即"拧三上四外露二"；缺丝、断丝不超过整个丝扣的 5%；

（4）套扣过程中每板牙块和三爪处至少加油两次润滑；

（5）该项目操作时间为 15min。

八、在井口更换压力表

1. 准备工作

（1）正常生产井 1 口；

（2）给定符合量程的新压力表 1 块，生料带 1 卷；

（3）工具：150mm 螺丝刀 1 把，200mm、300mm 活动扳手各 1 把，棉纱少许，纸、笔。

2. 操作步骤

（1）携带准备好的工具用具、压力表到井口，首先核对被换压力表与给定的压力表量程是否相符，井口流程（与压力表相通的）情况，传压流程中各阀门是否都打开，即压力表显示的压力是否是真实的，并记录压力值；

（2）关压力表针型阀，如图4-35所示，按顺时针方向关手轮，至关不动为止，双手各拿一把活动扳手，按习惯左手持300mm扳手，把开口调节至与压力表接头合适，卡好接头，右手持200mm扳手卡住压力表卸扣，左手轻力扶住，右手用力逆时针卸压力表，在压力表与表接头松动后（此时表内压力开始有下降迹象），缓慢继续卸，放掉弹簧管内的余压，在压力表指针归零后，可放下手中扳手，用手卡住压力表螺丝上部继续卸，至最后卸掉；

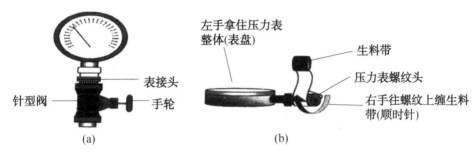

图4-35 井口更换压力表示意图

（3）把卸下压力表放好，用螺丝刀清理压力表接头内余留污物，再用棉纱擦净；

（4）给准备更换的压力表螺纹缠生料带。左手拿住压力表整体，使连接螺纹向右手，用右手往螺纹上缠生料带，顺时针4~5圈即可，如图4-34所示；

（5）装表。先用双手使压力表与表接头对正，缓慢上扣，等上几扣后，确认没有偏扣后再用200ram扳手继续上，并上紧上正；

（6）试压。在压力表上好后用手用力逆时针方向打开针型阀手轮，在看到压力表指针起压时，停止，在压力不再上升后，仔细检查压力表接头有无渗漏，在确认无问题后开大针型阀，记录（量程1/3~2/3）压力表显示的压力，并与原压力值对比，做好记录；

（7）收拾工具，清理现场，收工。

3. 注意事项

（1）压力表的螺纹没有卸松动时，不允许用手扳压力表（盘）整体卸表；

（2）给压力表螺纹缠生料带时要宽度一样，缠匀不能打卷，4~5圈就可以了；

（3）开始卸压力表时必须用另一把扳手打备钳，防止连表接头或针型阀一起卸松。

九、井口录取油套压

1. 准备工作

(1) 准备正常生产的油井 1 口,通过井口油套压力表装置齐全,备用校检合格的 1.6MPa、2.5MPa 压力表各 1 块;

(2) 工具、用具:200mm(8″)活动扳手 1 把,450mm 管钳 1 把,纸笔;

(3) 劳保着装。

2. 操作步骤

(1) 携带好工具、用具及压力表,来到井场,首先检查井口生产流程,油套阀门是否打开,油套压力表(见图 4-36)是否符合规格;

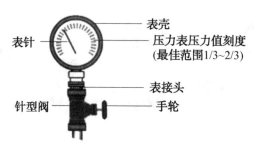

图 4-36 普通油套压力表压力显示示意图

(2) 检查在用油套压力表是否准确:关油压表针型阀手轮,如果角阀可用扳手卸松放空顶丝(螺栓)放压,压力表指针归零,说明压力如不是角阀无法放空的,可用扳手卸下压力表,在逆时针卸松压力表的过程中,压力表指针一点点下降归零,如不归零就是不准,即不能再用。检查确认压力表准确后,上紧卸松(下)的压力表,打开针型阀,表针又升起来并应与放空前压力基本一致时开始录取压力;

(3) 录取压力

① 录取油压(读压力)要使眼睛位于压力表盘正前方,看准压力表指针所在位置,读出压力值;如果油压随井口产量波动(抽油机井泵况好的井在上冲程时压力上升,下冲程时略有下降),取其平均值,并记录下数值;

② 录取套压,方法基本与录取油压相同,但由于其位置通常较低,故读油套压力值时,要俯身,使眼睛位于压力表正前方,读数,并记录在纸上。

3. 注意事项

(1) 录取的压力值必须在表的量程 1/3~2/3,否则要更换量程适合的压力表再录取读数;

(2) 检查压力表时放空或卸表要缓慢,特别是放空时要准备放空桶,防止放空时油四溅。

十、在井口取油样

1. 准备工作

（1）正常生产的抽油机井 1 口；

（2）200mm 活动扳手 1 把，取样桶 1 个，排污放空桶 1 个，棉纱少许；

（3）穿戴好劳保用品。

2. 操作步骤

（1）识别取样样条，并携带取样桶、工具等到井场，首先检查确认井口流程情况；

（2）关井口伴热（掺水）阀门，开始取样；

（3）放空排污。把放污桶桶口对准取样出口弯头处，左手拿住，右手缓慢打开取样阀门，把取样弯头等处的污油排放净，即看见有新液喷出时关取样阀门，把污油桶放好在地面（井场）；

（4）取样。把取样桶桶口对准取样出口弯头处，用左手拿好，右手缓慢打开取样阀门，开大并以不喷溅为原则，取样样量多少，几次取够可根据本油田地质要求为准，这里以二次取全桶 2/3 为例，第一次取约 1/3 桶时，关取样阀门，等几分钟再开阀门，接着用取桶继续取，约取到全桶 2/3 样量时，关严取样阀门；

（5）确认取样量够后，立即开掺水伴热阀门掺水；

（6）用棉纱擦净取样弯头处及取样边缘处的污油，盖好样桶盖，系好样条；

（7）把污油桶内污油倒到规定的地方，清理现场，提好样桶收工。

3. 注意事项

（1）取好的样桶不能渗或外溅，若是雨天更要注意不能使雨水进入样桶内；

（2）如井出气或含水很高，一定要按地质规定要求进行；

（3）取样条一定要及时系好；

（4）绝不能不排污就取样。

十一、电泵井启泵

1. 操作步骤及标准

（1）由此次操作的负责人根据操作的具体内容，对此项操作进行 HSE 风险评估，并制定和实施相应的风险削减措施；

（2）检查井口油嘴、仪表是否齐全合格。倒流程，将井内灌满液体，关闭井口生产闸门；

（3）装好电流卡片，合上控制屏隔离开关，将控制屏的选择开关放在手动位置；

（4）按控制屏启动按钮开机，运转指示灯亮（绿色）；

（5）观察油压表，待压力上升到5MPa时再缓慢打开生产闸门。若压力表指针波动，可打开取样闸门放掉井内气体；

（6）检查油压、温度、声音是否正常；

（7）检查电流表，电流应正常（为额定工作电流±20%），电流卡片记录仪运转良好；

（8）录取油压、套压、回压、电流、电压值及油嘴孔径，并填入班报表。

2. 技术要求及注意事项

（1）检查电路系统要由电工专业人员进行；

（2）先倒好流程再开机；

（3）电潜泵井应采用连续生产工作制度，不允许频繁启停；

（4）正常生产井使用周电流卡片，新投产电潜泵井或生产不正常时应使用日电流卡片；

（5）根据油井生产情况，利用放气阀控制套压在1MPa以内或全部放掉套管气；

（6）新电潜泵井投产或作业后开井，需调整电流整定值，过载值电流应是额定电流的1.2倍，欠载值电流应是运行电流的0.8倍；

（7）启泵开井工作必须有两人以上操作。

十二、电泵井停泵

1. 操作步骤及标准

（1）由此次操作的负责人根据操作的具体内容，对此项操作进行HSE风险评估，并制定和实施相应的风险削减措施；

（2）按停止按钮；

（3）将控制屏隔离开关拉开；

（4）按工作需要倒好油井流程；

（5）记录关井前的油压、套压和回压，取回电流卡片。

2. 技术要求及注意事项

（1）停机时应操作控制屏上按钮或转换开关，不准带负荷拉闸；

（2）将生产闸门关闭防止井下电机因单流阀坏而反转，停电检修或停机处

理故障时,不得任意改变电源相序;

(3)冬季关井应扫线。

十三、电泵井巡回检查

1. 检查步骤及标准

(1)由此次操作的负责人根据操作的具体内容,对此项操作进行 HSE 风险评估,并制定和实施相应的风险削减措施;

(2)检查电路,要求:端点线杆绷绳紧固,无裸露、老化电缆;变压器完好;井口控制房电缆完好,埋深 0.8m;

(3)检查控制屏及接线盒,要求:控制屏、电气仪表及指示灯齐全完好,电流卡片记录仪运转良好,电压及电流曲线正常,接线盒无漏电现象,并在卡片上填写好油压、套压及电压;

(4)检查油嘴:油嘴直径应与生产报表一致;

(5)检查压力表,要求:压力表在检定周期内,油压表、套压表、回压表齐全好用,压力表读数应在最大量程的 1/3~2/3;

(6)检查采油树:各闸门齐全好用,无渗漏,无缺件;观察压力,听出油声音,摸井口温度,分析是否出油正常;

(7)检查井场:无油污、无散失器材,达到"三标"要求;

(8)检查井号标志:必须有正确、标准、醒目的井号标志;

(9)检查管网流程:有无损坏、穿孔现象;

(10)检查作业进度;

(11)检查完毕,将工具用具擦洗干净收回。

2. 技术要求及注意事项

(1)发现问题及时处理,无法处理应及时汇报;

(2)检查电流卡片,新下电泵井及新开作业井用日卡,正常生产井用周卡。

十四、电泵井更换电流卡片

1. 操作步骤及标准

(1)由此次操作的负责人根据操作的具体内容,对此项操作进行 HSE 风险评估,并制定和实施相应的风险削减措施;

(2)打开记录仪表门,抬起记录笔杆;

(3)取下电流卡片,填写取卡日期、时间及取卡人姓名;将时钟上满发条并检查电池是否完好正常;

（4）将新换电流卡片放好位置压紧，放下记录笔杆，对准卡片时间；

（5）关好记录仪表门。

2. 技术要求及注意事项

（1）正常生产井应使用周电流卡片，刚投产或生产不正常时应使用日电流卡片，并注意调整电流记录仪时钟的档位与日卡、周卡相对应；

（2）电流记录卡片应按时更换，卡片上必须填写井号、起止日期、时间，取卡人姓名、换卡人姓名；

（3）检查记录笔所划曲线，曲线应清晰，否则应及时给笔尖灌注墨水或更换笔尖。

十五、电泵井更换(检查)油嘴

1. 操作步骤及标准

（1）由此次操作的负责人根据操作的具体内容，对此项操作进行 HSE 风险评估，并制定和实施相应的风险削减措施；

（2）先打开采油树未生产一翼的油嘴套丝堵，检查油嘴是否合适；

（3）记好油压，打开未生产一翼回压闸门、生产闸门；

（4）关闭待换(检查)油嘴一翼生产闸门、回压闸门；

（5）打开取样闸门，放掉压力；

（6）卸油嘴套丝堵时，要上下活动，让压力慢慢放掉；

（7）用油嘴扳手卸掉油嘴，边卸边上下活动，放掉余压；

（8）用游标卡尺检查油嘴孔径，油嘴两端孔径应相同，如油嘴不合适或有磨损、刺坏，则换上新油嘴；

（9）更换(检查)油嘴，用油嘴扳手将油嘴顺时针上紧；

（10）关闭取样闸门，打开回压闸门，观察有无渗漏，确认无渗漏后再打开生产闸门；

（11）关闭采油树另一翼生产闸门、回压闸门；

（12）将更换(检查)后油嘴孔径、生产油压、换嘴时间填入班报表。

2. 技术要求及注意事项

（1）双翼采油树井，当要关闭生产一翼的生产闸门时，应同时打开关闭一翼的生产闸门，并且眼睛盯住油压变化，确保控制油压在开关闸门时压力稳定，波动保持在 0.2MPa；

（2）倒好流程后应检查油压是否正常，观察油嘴有无憋压现象；

（3）卸丝堵及油嘴时，操作者不得面对油嘴套，要侧身，以防丝堵或油嘴打出伤人；

（4）油井出砂，油嘴孔径刺大时(孔径误差小于 0.1mm 为合格)，需检查油嘴套及丝堵是否刺坏，已刺坏的要换掉；

（5）如采油树只能一翼生产，则需停泵后方可进行更换(检查)油嘴操作，更换(检查)好油嘴后启泵生产。

十六、填写、计算注水井班(日)报表

1. 工作步骤及标准

（1）由此次操作的负责人根据操作的具体内容，对此项操作进行 HSE 风险评估，并制定和实施相应的风险削减措施；

（2）填写报表基本数据：采油队名、岗名、年、月、日、井号、日配注、层段号；

（3）填写报表日生产数据：录取的泵压、套压、油压、录取时间(具体到分)、上日末水表读数、今日水表读数、各层段的分水百分数；

说明：各层段分水百分数(分水%)是指根据指示曲线查出当日注水油压所对应的吸水百分数。

（4）计算并填写洗井栏：洗井井号、洗井或冲洗管线起止时间、历时、套管进口起止水表读数(从配水间内水表上读取)、水量、套压；

说明：历时="止"时间-"起"时间

水量="止"水表读数-"起"水表读数

套压是指洗井时由配水间内的压力表读取的洗井压力

（5）填写备注栏。掺水水量、提水水量、压水水量、动态关井、维护时间及内容(包括洗井、维修、更换流程闸门、停泵、穿孔、钻井关井等)；

（6）计算注水时间、实注量和分层注入量，并填入报表。

说明：注水时间=24h-关井时间

实注量=今日水表读数-上日水表读数-洗井水量-掺水水量

分层注入量=实注量×分水%

2. 技术要求及注意事项

（1）字迹工整、书写准确，不能涂改；

（2）计算结果正确。

十七、填写油井班(日)报表

1. 操作步骤及标准

（1）由此次操作的负责人根据操作的具体内容，对此项操作进行 HSE 风

评估,并制定和实施相应的风险削减措施;

(2) 填写报表基本数据:采油队、井号、年、月、日、生产层位、生产井段、泵径、冲程、冲次;

(3) 每8h检查填写套压、回压、井口温度;

(4) 填写三次量油时间、测气时间(使用排液法测气)、油井维护及设备维护内容、时间,并扣除油井非生产时间及产量;

(5) 计算日产液量、产油量、产水量并填入报表

$$平均量油时间\ t = \Sigma t/3$$

式中 Σt——三次量油时间合计,s。

日产液=(分离器量油常数/平均量油时间)×3

日产油=日产液×(1-含水)

日产水=日产液-日产油

(6) 计算日产气量(公式见排液法测气)、气油比;

气油比=日产气/日产油,m^3/t

(7) 填写完所有的油井资料后,仔细检查,确认无误后在值班人处签名;

(8) 收拾工具,上交报表。

2. 技术要求及注意事项

(1) 字迹工整、书写准确;

(2) 计算结果正确;

(3) 不正常井或刚作业完井应加密录取有关资料。

第五章　多相管流仿真实训系统

第一节　多相管流仿真实训系统的组成

一、多相管流仿真实训系统概述

DGM-Ⅱ型多相管流模拟装置可用来研究单相或多相流体在垂直管流、任意角度管流、水平管流情况下的压力损失，并可观察垂直管流下气液混合物的流动型态(泡状流、弹性流、段塞流、环状流、雾流)以及水平气液两相流动的流动型态(泡状流、团状流、层状流、波状流、冲击流、环状流、雾状流)。

对于在井筒内各种流动的流体，预测其压力损失，需考虑下面三个主要因素：高度的变化、摩擦因素和加速度因素。

对于垂直或倾斜流，高度因素是最重要的，既适用于任何流体(单相或多相)，又适用于任何流动角度(向上)的管内液体的流动。它们管内液体的流动公式如下：总的压力损失＝高度引起的损失＋摩擦引起的损失＋加速度引起的损失。

井筒气液两相流动的基本参数(通过公式计算)包括：气相实际速度、液相实际速度、气相折算速度、液相折算速度、两相混合速度、滑脱速度及滑脱比、含气率(真实含气率又称空隙率)和含液率(真实含液率又称持液率)、两相流动的密度(流动密度和真实密度)，并可计算井筒的压力分布。

二、多相管流仿真实训系统的结构

多相管流仿真实训系统由支架、导轨、空气压缩机、气体储罐、隔离器、储水罐、水泵、混合器、$\phi 20mm$ 管道、$\phi 40mm$ 管道、$\phi 60mm$ 管道、温度测量装置、压力测量装置、安全阀、单向阀、流量计、气液分离器、控制台等组成，如图 5-1 所示。

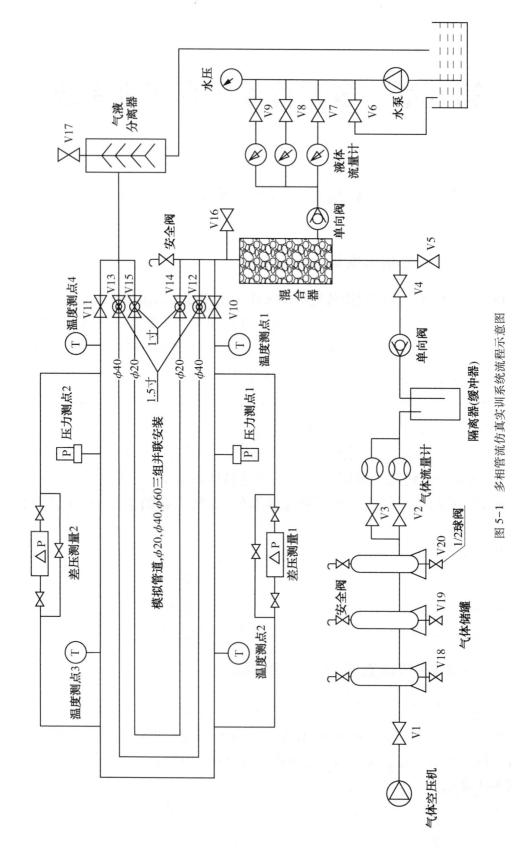

图 5-1 多相管管流仿真实训系统流程示意图

三、多相管流仿真实训系统仪表盘的组成及功能

图 5-2 为仪表盘示意图。

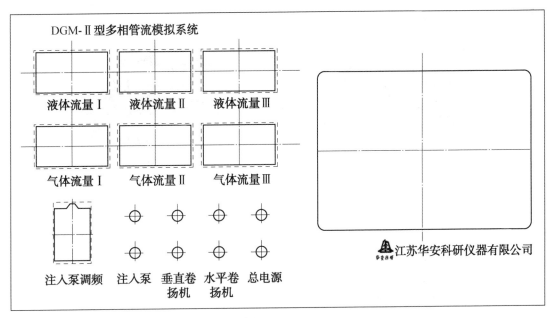

图 5-2 仪表盘示意图

1. 仪表部分

液体流量仪表：依次为液路流量仪表，显示瞬时值和累计值；
气体流量仪表：依次为气路流量仪表，显示瞬时值和累计值；
位移量仪表：显示管道尾部水平移动距离值(软件上显示有角度值)；
注入泵调频：液路注入泵调频器，通过更改频率改变液路流量；

2. 开关部分

注入泵：液路注入泵电源开关；
垂直卷扬机：管道端部升降时控制开关；
水平卷扬机：管道端部降低时控制开关，需要与垂直卷扬机配合操作；
总电源：系统总电源开关；

四、多相管流仿真实训系统软件应用

多相管流仿真实训系统(见图 5-3~图 5-8)配备了数据采集分析软件，可以方便、快速、准确得到实时及累积数据，并可以初步分析数据。

图 5-3　系统界面

图 5-4　新建实训项目

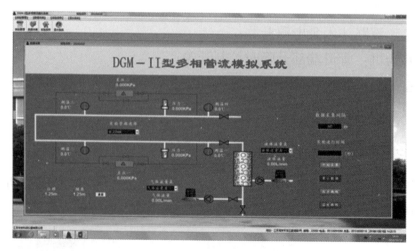

图 5-5　数据采集

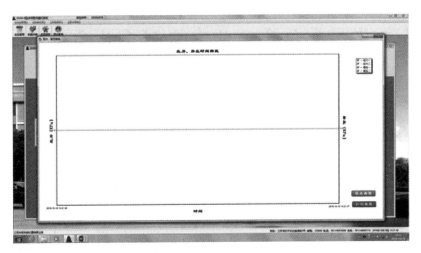

图 5-6　压力-时间曲线

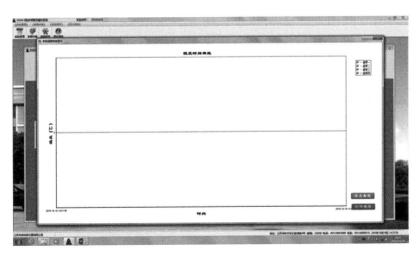

图 5-7　温度-时间曲线

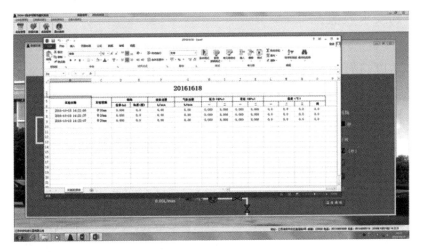

图 5-8　数据导出

127

第二节 多相管流仿真实训系统实训项目

一、多相管流仿真实训系统基本操作

设备操作前,请对照设备、流程图、仪表面板、说明书等相关资料或者实物,分清各部件及仪表。熟悉空压机、液路泵等设备的操作。

1. 前期准备工作

(1) 首先必须详细阅读气体空压机使用说明书;

(2) 检查气路、液路与本装置之间的软管管线,确保连接正确,无弯曲、折叠等现象发生,特别是气路软管管道及连接端口;

(3) 确保所有阀门处于关闭状态;

(4) 检查安全阀是否损坏或者安检期限是否过期;

(5) 根据具体情况选择本次实训的管路并打开管路进出口阀门(如20mm管道,请打开V14、V15);

(6) 打开气液分离器出口阀门V17;

(7) 准备足量干净的水源。

2. 实训操作

(1) 穿戴工作服、安全帽、护目镜等个人防护设备;

(2) 打开多相管流模拟系统控制软件,建立实训表并填写必须的数据,保持通讯正常,数据采集、存储正常;

(3) 根据实训要求的模拟角度,通过计算机软件和垂直卷扬机电源操作,使管道倾角到要求数值;

(4) 打开阀门V1,开启空压机,等待空压机停止后再进行以下操作;

(5) 小角度打开V2或V3(根据流量计流程和实训要求选取),切记不能一下全部打开;

(6) 缓慢打开V4,气体将经过混合器后流入管道,通过调节V2(V3)开度大小控制气体瞬时流量,流量稳定在实训要求数值时,气路调节开启完成;

(7) 打开$15m^3/h$液路流量计前端阀门,设定注入泵频率为10Hz,开启主泵泵电源,注入泵开始工作,液体经流量计、混合器后进入管道;

(8) 根据实训要求调节注入泵频率值,更改液体注入流量大小。调节气路阀门V2(V3)开度大小调节气体注入量大小(注意气体流量不能超过流量计量程),最终完成实训;

（9）实训过程中请注意观察管道内部流体流态；

（10）当实训完毕后，请先关闭注入泵电源开关，关闭液路流量计前阀门，打开 V6 排空管道内液体；

（11）使气路控制阀门 V2(V3) 缓慢全开，使用气体流量计允许的最大流量吹扫管路内剩余的液体，当无液体流出时，缓慢关闭 V2(V3) 阀门，同时关闭空压机电源；

（12）通过垂直卷扬机、水平卷扬机电源按钮，配合操作，使模拟管道处于水平放置（模拟管道支架所有脚轮接触水平工字钢）；

（13）关闭系统总电源和流程中所有阀门，清理实训现场及工作台，根据需要确定是否将液体储罐内的液体全部排放；

（14）实训完成。

二、垂直管中气液两相流实训操作

1. 实训目的

（1）通过观察垂直管中气液两相流的流型，进一步加深了解垂直管中气液两相流型的特点；

（2）对垂直上升管中气液两相流的压力降有比较直观的认识，并掌握垂直管中气液两相流的压力降的计算方法。

2. 实训任务

（1）观察垂直管中气液两相流的流型；

（2）测量气液两相流流经垂直管的压力、温度、流量。

（3）数据及流型分析。

3. 数据处理

Orkiszewski 法提出的四种流动型态是泡流、段塞流、过渡流及环雾流（见图 5-9）。在处理过渡性流型时，采用内插法。在计算段塞流压力梯度时要考虑气相与液体的分布关系。针对每种流动型态提出了存容比及摩擦损失的计算方法。

$$\frac{dp}{dh} = \rho_m g \sin\theta + \rho_m v_m \frac{dv_m}{dh} + f_m \frac{\rho_m v_m^2}{d \quad 2} \tag{5-1}$$

式中　ρ_m——多相混合物的密度；

　　　v_m——混合物的流速；

　　　f_m——多相混合物流动时的摩擦阻力系数；

　　　d——管径；

p——压力;
h——深度;
g——重力加速度;
θ——井斜角的余角。

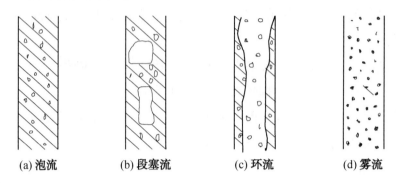

图 5-9 气体混合物的流动结构(流型)示意图

计算气-液两相垂直管流的 Orkiszewski 方法如下:

(1) 压力降公式及流动型态划分界限。由前面垂直管流能量方程可知,其压力降是摩擦能量损失、势能变化和动能变化之和。则多项垂直管流的压力降公式:

$$-\mathrm{d}P = \tau_f \mathrm{d}h + g\rho_m \mathrm{d}h + \rho_m v_m \mathrm{d}v_m \qquad (5-2)$$

式中 P——压力,Pa;
τ_f——摩擦损失梯度,Pa/m;
h——深度,m;
g——重力加速度,m/s^2;
ρ_m——混合物密度,kg/m^3;
v_m——混合物速度,m/s。

动能项只是在雾流情况下才有明显的意义。出现雾流时,气体体积流量远大于液体体积流量。根据气体定律,动能变化可表示为:

$$\rho_m v_m \mathrm{d}v_m = -\frac{W_t q_g}{A_p^2 p} \qquad (5-3)$$

式中 A_p——管子流通截面积,m^2;
W_t——流体总质量流量,kg/s;
q_g——气体体积流量,m^3/s。

将式(5-3)代入式(5-2),并取 $\mathrm{d}h = -\Delta h_k$,$\mathrm{d}p = \Delta p_k$,$\rho_m = \bar{\rho}_m$,$P = \bar{P}$,经过整理后可得:

$$\Delta P_k = \left[\frac{\bar{\rho}_m g + \tau_f}{1 - \dfrac{W_t q_g}{A_p^2 \bar{P}}}\right] \Delta h_k \tag{5-4}$$

式中 ΔP_k——计算管段压力降,Pa;

Δh_k——计算管段的深度差,m;

$\bar{P}$——计算管段的平均压力,Pa。

不同流动型态下的 $\bar{\rho}_m$ 和 τ_f 的计算方法不同,为此,计算中首先要判断流动形态。该方法的四种流动型态的划分界限如表5-1所示。

表5-1 流型界限

流动型态	界 限	流动型态	界 限
泡流	$\dfrac{q_g}{q_t} < L_B$	过渡流	$L_M > \bar{\bar{v}}_g > L_S$
段塞流	$\dfrac{q_g}{q_t} > L_B$,$\bar{\bar{v}}_g < L_S$	雾流	$\bar{\bar{v}}_g > L_M$

(2)平均密度及摩擦损失梯度的计算。由于不同流动型态下各种参数的计算方法不同,下面按流型分别介绍。

① 泡流平均密度

$$\bar{\rho}_m = H_L \rho_L = (1 - H_g)\rho_L + H_g \rho_g \tag{5-5}$$
$$(H_L + H_g = 1)$$

式中 H_g——气相存容比(含气率),计算管段中气相体积与管段容积之比值;

H_L——液相存容比(持液率),计算管段中液相体积与管段容积之比值;

ρ_g、ρ_L、$\bar{\rho}_m$——在 $\bar{P}$、$\bar{T}$ 下气、液和混合物的密度,kg/m³。

气相存容比由滑脱速度 v_s 来计算。滑脱速度定义为:气相流速与液相流速之差。

$$v_s = \frac{v_{sg}}{H_g} - \frac{v_{sL}}{1 - H_g} = \frac{q_g}{A_p H_g} - \frac{q_t - q_g}{A_p(1 - H_g)} \tag{5-6}$$

可解出 H_g:

$$H_g = \frac{1}{2}\left[1 + \frac{q_t}{v_s A_p}\right] - \sqrt{\left(1 + \frac{q_t}{v_s A_p}\right)^2 - \frac{4 q_g}{v_s A_p}} \tag{5-7}$$

式中 v_s——滑脱速度,由实验确定,m/s;

v_{sg}、v_{sL}——气相和液相的表观流速,m/s。

泡流摩擦损失梯度按液相进行计算：

$$\tau_{\mathrm{t}} = f \frac{\rho_{\mathrm{L}}}{D} \frac{v_{\mathrm{LH}}^{2}}{2} \tag{5-8}$$

$$v_{\mathrm{LH}} = \frac{q_{\mathrm{L}}}{A_{\mathrm{p}}(1 - H_{\mathrm{g}})} \tag{5-9}$$

式中 f——摩擦阻力系数；

v_{LH}——液相真实流速，m/s。

摩擦阻力系数 f 可根据管壁相对粗糙度 ε/D 和液相雷诺数 N_{Re} 计算。

液相雷诺数

$$N_{\mathrm{Re}} = \frac{D v_{\mathrm{sL}} \rho_{\mathrm{L}}}{\mu_{\mathrm{L}}} \tag{5-10}$$

式中 μ_{L}——在 $\bar{P}$、$\bar{T}$ 下的液体黏度，油、水混合物在未乳化的情况下可取其体积加权平均值，Pa·s。

② 段塞流混合物平均密度

$$\bar{\rho}_{\mathrm{m}} = \frac{W_{\mathrm{t}} + \rho_{\mathrm{L}} v_{\mathrm{s}} A_{\mathrm{p}}}{q_{\mathrm{t}} + v_{\mathrm{s}} A_{\mathrm{p}}} + \delta \rho_{\mathrm{L}} \tag{5-11}$$

式中 δ——液体分布系数；

v_{s}——滑脱速度，m/s。

滑脱速度可用 Griffith 和 Wallis 提出的公式计算：

$$v_{\mathrm{s}} = C_{1} C_{2} \sqrt{gD} \tag{5-12}$$

③ 过渡流混合物平均密度。过渡流的混合物平均密度及摩擦梯度是先按段塞流和雾流分别进行计算，然后用内插方法来确定相应的数值。

$$\bar{\rho}_{\mathrm{m}} = \frac{L_{\mathrm{M}} - \bar{v}_{\mathrm{g}}}{L_{\mathrm{M}} - L_{\mathrm{S}}} \rho_{\mathrm{SL}} + \frac{\bar{v}_{\mathrm{g}} - L_{\mathrm{S}}}{L_{\mathrm{M}} - L_{\mathrm{S}}} \rho_{\mathrm{Mi}} \tag{5-13}$$

$$\tau_{\mathrm{t}} = \frac{L_{\mathrm{M}} - \bar{v}_{\mathrm{g}}}{L_{\mathrm{M}} - L_{\mathrm{S}}} \tau_{\mathrm{SL}} + \frac{\bar{v}_{\mathrm{g}} - L_{\mathrm{g}}}{L_{\mathrm{M}} - L_{\mathrm{S}}} \tau_{\mathrm{Mi}} \tag{5-14}$$

式中 ρ_{SL}、τ_{SL} 及 ρ_{Mi}、τ_{Mi}——按段塞流和雾流计算的混合物密度及摩擦梯度。

④ 雾流混合物平均密度。雾流混合物密度计算公式与泡流相同：

$$\bar{\rho}_{\mathrm{m}} = H_{\mathrm{L}} \rho_{\mathrm{L}} + H_{\mathrm{g}} \rho_{\mathrm{g}} = (1 - H_{\mathrm{g}}) \rho_{\mathrm{L}} + H_{\mathrm{g}} \rho_{\mathrm{g}} \tag{5-15}$$

由于雾流的气液无相对运动速度，即滑脱速度接近于雾，基本上没有滑脱。所以

$$H_g = \frac{q_g}{q_L + q_g} \quad (5-16)$$

摩擦梯度则按连续的气相进行计算，即

$$\tau_f = f\frac{\rho_g v_{sg}^2}{2D} \quad (5-17)$$

式中 v_{sg}——气体表观流速，$v_{sg}=q_g/A_p$，m/s。

雾流摩擦系数可根据气体雷诺数$(N_{Re})_g$和液膜相对粗糙度查得。

按不同流动型态计算压力梯度的步骤与前面介绍的用摩擦损失系数法基本相同，只是在计算混合物密度及摩擦之前需要根据流动型态界限确定其流动型态，如图5-10所示。

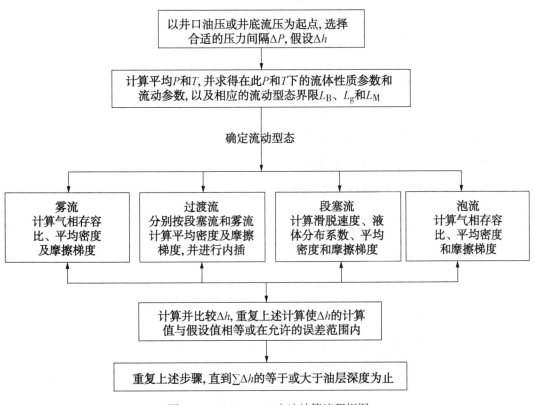

图5-10 Orkiszewski方法计算流程框图

三、倾斜和水平管中气液两相流实训操作

1. 实训目的

（1）通过观察倾斜和水平管中气液两相流的流型，进一步加深了解倾斜和水平管中气液两相流型的特点；

（2）对垂直上升管中气液两相流的压力降有比较直观的认识，并掌握倾斜和水平管中气液两相流的压力降的计算方法。

2. 实训任务

（1）观察倾斜和水平管中气液两相流的流型；

（2）测量气液两相流流经垂直管的压力、温度、流量；

（3）数据及流型分析。

3. 数据处理

（1）Beggs-Brill方法基本方程。假设条件：假设气液混合物既未对外做功，也未受外界功，则单位质量气液两相管流的压力降消耗于位差、摩擦和加速度引起的压力消耗。

$$-\frac{dp}{dZ} = \rho g \sin\theta + \rho \frac{dE}{dZ} + \rho v \frac{dv}{dZ} \quad (5-18)$$

式中 p——压力，Pa；

Z——流动位移，m；

ρ——气液混合物平均密度，kg/m³；

v——混合物平均流速，m/s；

dE——单位质量的气液混合物机械能量损失，J/kg；

θ——管线与水平方向的夹角。

① 位差压力梯度：消耗于混合物静水压头的压力梯度

$$\left(\frac{dp}{dZ}\right)_1 = \rho g \sin\theta = [\rho_L H_L + \rho_g(1-H_L)]g\sin\theta \quad (5-19)$$

式中 ρ_L——液相密度；

ρ_g——气相密度；

H_L——持液率。

② 摩擦压力梯度。克服管壁流动阻力消耗的压力梯度为：

$$\left(\frac{dp}{dZ}\right)_2 = \lambda \frac{v^2}{2D}\rho = \lambda \frac{G/A}{2D}v \quad (5-20)$$

式中 G——混合物的质量流量；

A——管的流通截面积。

③ 加速度压力梯度。由于动能变化而消耗的压力梯度为：

$$\left(\frac{dp}{dZ}\right)_3 = \rho v \frac{dv}{dZ} \quad (5-21)$$

忽略液体压缩性和考虑到气体质量流速变化远远小于气体密度变化，并以气体状态方程，由上式可导出：

$$\left(\frac{\mathrm{d}p}{\mathrm{d}Z}\right)_3 = -\frac{\rho v v_{\mathrm{sg}}}{p}\frac{\mathrm{d}p}{\mathrm{d}Z} \tag{5-22}$$

$$v_{\mathrm{sg}} = Q_{\mathrm{g}}/A \tag{5-23}$$

式中 v_{sg}——气相表观(折算)流速;

Q_{g}——气相体积流量。

④ 总压力梯度。由以上各式整理得:

$$-\frac{\mathrm{d}p}{\mathrm{d}Z} = \frac{[\rho_1 H_1 + \rho_{\mathrm{g}}(1-H_1)]g\sin\theta + \dfrac{\lambda G_{\mathrm{m}} v_{\mathrm{m}}}{2DA_{\mathrm{p}}}}{1 - \{[\rho_1 H_1 + \rho_{\mathrm{g}}(1-H_1)]v_{\mathrm{m}} v_{\mathrm{sg}}\}/p} \tag{5-24}$$

这就是 Beggs-Brill 方法所采用的基本方程

(2) Beggs-Brill 方法的流型分布图及流型判别式

① Beggs-Brill 方法的流型分布图。Beggs-Brill 方法将气液两相流的流型分为三类:

a. 分离流。包括层状流、波状流和环状流;

b. 间歇流。包括团状(弹状)流和段塞流;

c. 分散流。包括泡流和雾流。

根据实验研究结果,绘制流型图如图 5-11 所示。

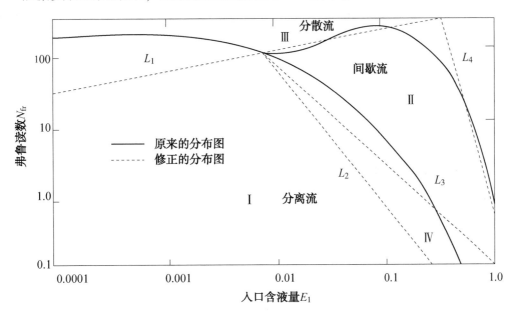

图 5-11 Beggs-Brill 方法的流型分布图

该图是以 N_{Fr} 为纵坐标,入口体积含液率(无滑脱持液率) E_1 为横坐标。

$$N_{\mathrm{Fr}} = \frac{v^2}{gD} \tag{5-25}$$

$$E_1 = \frac{Q_1}{Q_1 + Q_g} \tag{5-26}$$

式中 Q_1——入口(就地)液相体积流量；

Q_g——入口(就地)气相体积流量。

图 5-11 是 Beggs-Brill 方法修正后的流型图(虚线)，图中用 L_1、L_2、L_3 和 L_4 分成四个流型区，在分离流和间歇流之间增加了过渡区。

图中 L_1、L_2、L_3 和 L_4 为四个流型区的分隔线方程如下：

$L_1 = 316E_1^{0.302}$ $L_2 = 0.0009252E_1^{-2.4684}$ $L_3 = 0.10E_1^{-1.4516}$ $L_4 = 0.5E_1^{-6.733}$

② Beggs-Brill 方法流型判别依据见表 5-2。

表 5-2 Beggs-Brill 方法中的流型判别

判别条件	流 型
$E_L<0.01$, $N_{Fr}<L_1$ 或 $E_L\geq0.01$, $N_{Fr}<L_2$	分离流
$E_L\geq0.01$, $L_2<N_{Fr}\leq L_3$	过渡流
$0.01\leq E_L<0.4$, $L_3<N_{Fr}\leq L_1$ 或 $E_L\geq0.4$, $L_3<N_{Fr}<L_4$	间歇流
$E_L<0.4$, $N_{Fr}\geq L_1$ 或 $E_L\geq0.4$, $N_{Fr}>L_4$	分散流

（3）持液率及混合物密度的计算

① 持液率。Beggs-Brill 方法计算倾斜管流时首先按水平管计算，然后进行倾斜校正。

$$H_1(\theta) = \psi \cdot H_1(0) \tag{5-27}$$

其中水平管持液率：

$$H_1(0) = \frac{aE_1^b}{N_{Fr}^c} \tag{5-28}$$

式中 a、b、c——取决于流型的常数，如表 5-3 所示。

表 5-3 a、b、c 常数

流 型	a	b	c
分离流	0.98	0.4846	0.0868
间歇流	0.845	0.5351	0.0173
分散流	1.065	0.5929	0.0609

利用表 5-3 和式(5-28)计算出的 $H_1(0)$ 必须满足 $H_1(0) \geq E_1$；否则取 $H_1(0) = E_1$。因为 E_1 是无滑脱持液率，而 $H_1(0)$ 是存在滑脱的持液率，它的最小值是 E_1。

倾斜校正系数与倾斜角、无滑脱持液率、弗洛德数及液体速度数有关。

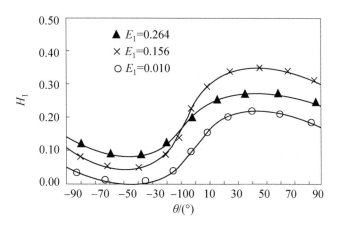

图 5-12　不同 E_1 下的倾斜校正系数

图 5-12 为其中的三组实验数据。倾斜校正系数的相关式为：

$$\psi = 1 + C\left[\sin(1.8\theta) - \frac{1}{3}\sin^3(1.8\theta)\right] \quad (5\text{-}29)$$

对于垂直管：

$$\psi = 1 + 0.3C \quad (5\text{-}30)$$

系数 C 与无滑脱持液率 E_1、弗鲁德数和液相速度数 N_{vl} 有关。

$$N_{vl} = v_{sl}\left(\frac{\rho_l}{g\sigma}\right)^{1/4} \quad (5\text{-}31)$$

式中　v_{sl}——液相表观流速；

σ——液体表面张力。

$$C = (1 - E_1)\ln[d(E_1)^e(N_{vl})^f(N_{Fr})^g] \quad (5\text{-}32)$$

式中的系数 d、e、f 和 g 由表 5-4 根据流型来确定。

表 5-4　系数 d、e、f、g 的确定

流型	上坡/下坡	d	e	f	g
分离流	上坡	0.011	-3.768	3.539	-1.614
间歇流	上坡	2.96	0.305	-0.4473	0.0978
分散流	上坡	不修正 $C=0$，$\psi=1$，$H_1(\theta)$ 与 θ 无关			
各种流型	下坡	4.7	-0.3692	0.1244	-0.5056

确定 $H_1(0)$ 和 ψ 之后，就可得到 $H_1(\theta)$。对于过渡流型，则先分别用分离流和间歇流计算出 $H_1(\theta)$，之后采用内插法确定其持液率

$$H_1(\theta) = AH_L(1) + BH_L(2) \quad (5\text{-}33)$$

$$A = \frac{L_3 - N_{Fr}}{L_3 - L_2} \tag{5-34}$$

$$B = \frac{N_{Fr} - L_2}{L_3 - L_2} = 1 - A \tag{5-35}$$

② 混合物密度

利用持液率计算流动条件下混合物实际密度：

$$\rho_m = \rho_l H_l + \rho_g (1 - H_l) \tag{5-36}$$

(4) 阻力系数 λ

为了确定气液两相流的阻力系数，Beggs 和 Brill 利用实验结果研究了气液两相流阻力系数与无滑脱气液两相流阻力系数的比值与持液率和无滑脱持液率（入口体积含液率）之间的关系：

沿程阻力系数：

$$\lambda = \lambda_1 e^S \tag{5-37}$$

无滑脱阻力系数

$$\lambda_1 = \left[2\lg\left(\frac{Re'}{4.5223\lg Re' - 3.8215}\right) \right]^{-2} \tag{5-38}$$

气液两相流动的雷诺数：

$$Re' = \frac{Dv[\rho_l E_l + \rho_g (1 - E_l)]}{\mu_l E_l + \mu_g (1 - E_l)} \tag{5-39}$$

式中　v——混和物的平均流速，m/s；

E_l——管段入口的体积含液率。

另外

$$S = \ln Y / [-0.0523 + 3.182(\ln Y)^2 + 0.01853(\ln Y)^4] \tag{5-40}$$

式中

$$Y = E_l / [H_l(\theta)]^2 \tag{5-41}$$

当 $1<Y<1.2$ 时，应适用下式求 S：

$$S = \ln(2.2Y - 1.2) \tag{5-42}$$

(5) Beggs-Brill 方法计算流程图见图 5-13。

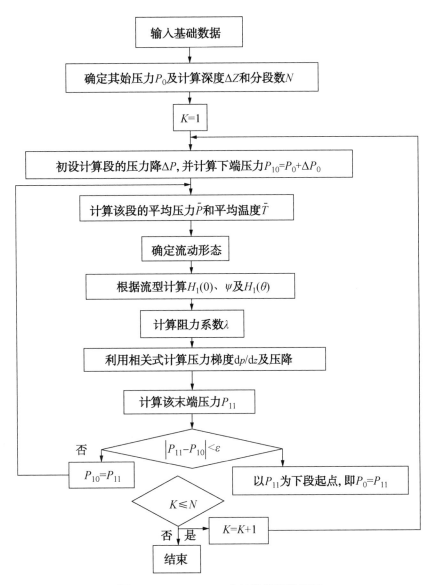

图 5-13 Beggs-Brill 方法计算流程框图

第三部分
修井模块

第六章 修井设备

第一节 修 井 机

修井机是修井和井下作业施工中最基本、最主要的动力来源。修井机与钻机的功能不同但组成类似，包括动力系统、传动系统、旋转系统、循环系统、提升系统、底座系统、防喷及控制系统和附属设备八大系统。八大系统是修井机必须具备的设备，缺少任何一个环节的系统设备，修井机都无法发挥出它的工艺作用。

图 6-1 为 XJ350 修井机。

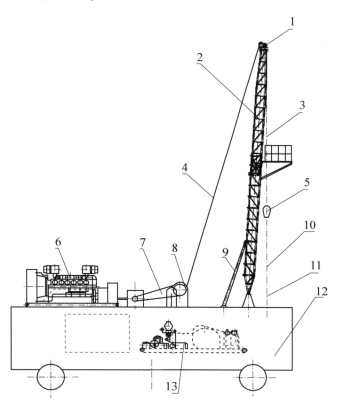

图 6-1 XJ350 修井机

1—天车；2—伸缩式井架；3—游动系统；4—钢丝绳；5—游车；6—动力系统；7—传动系统；8—绞车；
9—起升系统；10—加载系统；11—钻井系统；12—车载系统；13—泥浆泵及循环系统

示例如图 6-2 所示。

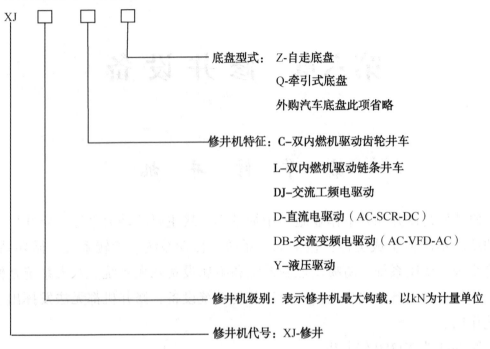

图 6-2　修井机型号的表示方法

图 6-2 的示例表示：最大钩载 1800kN、自走底盘、双柴油机、齿轮并车的修井机型号表示为：XJ1800CZ。

一、动力系统

动力系统为设备运转提供动力，修井机的动力一般采用高速柴油机，在动力的配置上又分为单发动机和双发动机，单发动机为车上、车下共用，双发动机分为车上、车下共用两台发动机和车上、车下各由一台发动机供给动力。

二、传动系统

传动系统将动力源的动力传递到各设备。传动部分一般采用发动机和液力机械变速箱直接连接，如果车上、车下共用两台发动机，那就需要一个并车箱，液力机械变速箱和并车箱，角传动箱之间用传动轴连接，然后通过链条和捞砂滚筒或主滚筒连接，再通过链条到转盘角传动箱，爬坡链条箱到转盘．也可由并车箱（角传动箱）通过传动轴直接到爬坡链条箱到转盘。捞砂滚筒，主滚筒，转盘一般采用气动轴向气囊推盘离合器控制，也可用气动胎式离合器控制。

三、旋转系统

旋转系统提供扭转力，带动井下工具旋转。包括：转盘、水龙头、井下工具、钻头等。

1. 转盘

主要用来带动方钻杆旋转井下钻具，在处理事故时，用于进行套铣、倒扣、磨铣、刮削、钻水泥塞等旋转作业施工项目。完成钻、修井作业中的旋转作业。

2. 井下工具

（1）井下机组。潜油电泵；保护器；潜油电机；气体分离器；电缆；

（2）附属工具。扶正器、单流阀、泻油阀；

（3）小修井下工具。封隔器、井下安全阀、滑套（SSD）、工作筒（NIPPLE）、偏心工作筒、伸缩短节、Y型接头、流动短节、加厚管、引鞋；

（4）大修井下工具。倒扣捞筒、倒扣捞矛、引管公锥、母锥、双滑块捞矛、加长引管双滑块捞矛、单滑块捞矛、伸缩捞矛、套铣筒、套铣头、铅模、磨鞋、内割刀、安全接头、超级震击器、扶正器、变扣、正、反扣钻杆、套管刮管器、钻铤、钻头等。

四、循环系统

通过泥浆泵将泥浆沿井下管柱至井底，再从环空返出，实现循环，携带岩屑，或实现压井等作业。

1. 组成

由泥浆泵组、泥浆罐、灌注泵、混合泵、吸入管线组、排出管线组、泥浆漏斗、泥浆枪、压力表、阀、水龙头、水龙带、立管、正反循环管汇、阻流管汇等组成。

2. 泥浆泵

以柴油机为动力，经液力变速箱、万向轴，通过链条驱动泥浆泵。泥浆泵是一种往复泵，由动力端和液力端两大部分组成，动力端由曲柄、偏心轮、连杆、十字头等组成，液力端由泵缸、活塞、吸入阀、排出阀、吸入管、排出管等组成。

动力通过链轮带动曲柄旋转使活塞作往复运动，吸入过程液体在大气压力作用下通过吸入阀进入液缸，排出过程液体在活塞推动下经排出阀排出。

3. 灌注泵（增压泵）

它是为了避免泵在进口压力低时出现气塞现象。每台泵均可配备灌注系统，其结构由灌注泵及其底座、蝶形阀和相应的管汇组成，安装在吸入管汇上。在泵启动前，泵壳内灌满被输送的液体；启动后，叶轮由轴带动高速转动，叶片间的液体也必须随着转动。在离心力的作用下，液体从叶轮中心被抛向外缘并获得能量,以高速离开叶轮外缘进入蜗形泵壳。在蜗壳中,液体由于流道的逐渐扩大而减速,又将部分动能转变为静压能,最后以较高的压力流入排出管道,送至需要场所。

4. 水龙头

水龙头由悬挂在大钩上的固定部分和连接钻具的转动部分组成。固定部分包括提环、外壳、上盖、鹅颈管和盘根盒。转动部分包括中心管、主轴承、扶正轴承和泥浆管等。转动部分连接方钻杆,并随整个钻柱在转盘的带动下旋转,常用于钻进时循环泥浆以携带碎屑和冷却钻具,还可用于冲砂和其他作业。

5. 水龙带

它的作用是立管与水龙头间泥浆连接管线。在水龙带与水龙头间配置高压过渡接头和100mm(4in)API标准连接锤击由壬,可与水龙头配套使用,在钻进中循环泥浆、冲砂等情况下传输动力液。使用水龙带时不能超过其最高的工作压力。

6. 循环管汇系统

循环管汇系统包括压井管汇、节流管汇和常压气液分离器等。

五、提升系统

悬吊和起下井内管柱。包括:井架、绞车、钢丝绳、天车、游车、大钩、吊环。

1. 井架

井架系统主要由井架下体、井架上体、天车总成、上下体锁紧承载装置,大钳平衡装置、猫头装置、立管、梯子、二层工作台、套管扶正台和大钩托架等组成。

井架的立起和放倒是由连接在钻台橇座和井架下体上的两个起升油缸来完成。井架底座与钻台采用螺栓连接,通过液压千斤和在每组连接板之间增减调整垫片的方法可保证钻修机在移动到任意一口井时大钩与井口的顺利对中。另外,在井架系统中还配有照明系统及天车顶部的红色信号灯。

2. 绞车

绞车系统主要是通过动力的传动来完成游动系统的起升作业和转盘的旋转钻进作业,安装于绞车橇上,结构紧凑,拆卸、吊装均很方便,绞车系统主要由绞车橇座和安装于其上的并车箱,主滚筒总成,主滚筒刹车系统(盘刹)、辅助刹车、天车防碰装置、毂冷却水循环系统、绞车机架及护罩、输入输出链条盒、液压油箱及支架、转盘传动箱及下坡链条盒等组成。

3. 游车大钩

将绞车的旋转动力变为大钩的提升运动。由顶盖、滑轮、滑轮轴、左右侧板、滚子轴承、吊环锁臂、锁紧臂、制动环、定位块、圆栓滚子轴承等组成。

4. 吊环

吊环挂在顶驱或大钩的耳环上用以悬挂吊卡，有单臂和双臂两种型式。

5. 指重表

指重表主要是记录和显示起重大绳的拉力，以防超过提升系统或者井下管柱的安全负荷而造成生产事故。目前有液压式、拉力式和电子式三种。

六、底座系统

支撑其他系统各设备。主要包括井架的上底座和下底座两大类。

七、防喷及控制系统

预防和处理井喷。包括：各类防喷器，储能器、压井管汇、阻流管汇、压井防喷管线等。

八、附属设备

各类井口工具、液压绞车、润滑系统、照明系统、电力、气动设备等。

1. 井口工具

常用井口工具的种类：油管钳、吊钳、吊卡、卡瓦、油管防喷考克及钥匙、管钳、榔头、起下电缆专用工具(锁紧钳、夹紧钳、电缆夹紧钳)等。

2. 液路系统

液路系统包括油泵管路、起升管路、猫头油缸管路、承载销油缸管路、平台移动管路、以及相关的各个部件组成。

3. 照明、电力

（1）电压。220V、380V；

（2）灯具。荧光灯、红色闪光警示灯、汞蒸气探照灯、防爆防腐灯；

（3）电器防爆。防爆电机包括：搅拌器、混合泵、灌注泵、储能器、冷却系统。

4. 气动设备

气路系统包括气路排管、气源管路、空压机管路、绞车辅助刹车管路、变矩器换档控制管路、主滚筒控制管路、天车防碰与复位管路、紧急刹车控制管路、泥浆泵控制管路、油泵卸荷管路、油门熄火管路，以及相关的各个部件组成。

第二节 打捞工具

一、滑块捞矛

1. 基本概念

滑块捞矛是一种修井常用内捞工具,它可以打捞具有内孔的落物,又可对遇卡落物进行倒扣作业,以 LM-D(S)73 滑块捞矛为例来说明。

2. 名称

LM-D(S)73 滑块捞矛。

3. 结构

上接头、矛杆、卡瓦、锁块及销钉等组成。技术规范外形尺寸:ϕ105mm×550mm×2000mm,接头螺纹:NC31,许用拉力:781kN,打捞孔径:ϕ73mm 的油管。

4. 工作原理

当矛杆卡瓦进入鱼腔后,卡瓦依靠自重向下滑动,卡瓦与斜面产生相对位移,卡瓦齿面与矛杆中心线距离增加,使其打捞尺寸逐渐加大,直至与鱼腔内壁接触为止,上提矛杆时,斜面向上运动所产生的径向分力,迫使卡瓦咬入落物内壁,抓住了落物。

5. 操作方法

(1) 地面检查矛杆尺寸(实际测量)是否合适,卡瓦能否自由下滑(卡瓦对落鱼的打捞位置应距锁块以上5mm),并在卡瓦滑道上涂机油,用手来回滑动,使其运动灵活;

(2) 下钻柱至鱼顶,记好钻柱悬重与方入,开泵洗井;

(3) 下放钻柱,引入鱼腔,观察碰鱼方入与入鱼方入及悬重变化;

(4) 上提钻柱,悬重增加,则已捞获落鱼;

(5) 倒扣作业时,将悬重提至设计的倒扣负荷,再增加 10~20kN,即可进行倒扣作业;

(6) 适用范围及用途:用于打捞带接箍的钻杆、油管等具有内孔的落物。

6. 注意事项

(1) 当落鱼管柱重量较大,并且鱼顶为油管外螺纹或落鱼管柱遇卡时,可在工具上加接合适尺寸的引鞋,从外部包着鱼顶,打捞时以防止卡瓦胀裂或撕裂鱼顶;

(2) 工具下井前上部应接安全接头。

二、接箍捞矛

1. 基本概念

接箍捞矛是一种修井常用打捞工具,用于在套管内打捞带接箍的落鱼,以 WLM-92×73 接箍捞矛为例来说明。

2. 名称

WLM-92×73 接箍捞矛。

3. 结构

由上接头、锁紧螺母、导向螺钉、卡瓦、芯轴及冲砂管组成。

4. 技术规范

接头最大外径:ϕ92mm,接头螺纹:ϕ73mmTBG,许用拉力:410kN。

5. 工作原理

接箍捞矛是一种内外螺纹的对扣打捞。为了能使接箍捞矛进入接箍,卡瓦沿纵向开有四道槽,每个槽间便是一个卡瓦片,依其弹性变形进入接箍内螺纹中。又靠芯轴和卡瓦内外锥面贴合后的径向胀力,保持对扣后的连接性能,从而抓住落鱼。具体动作过程是:卡瓦下端30°锥角进入被捞接箍时,卡瓦上行,或者压缩弹簧,或者抵住上接头,迫使卡瓦内缩,于是卡瓦上的牙尖滑动,实现卡瓦下端外螺纹与接箍内螺纹的对扣。此后上提钻具,芯轴、卡瓦内外锥面贴合,产生径向张力,阻止了对扣后的螺纹牙退出牙间,从而实现打捞。

6. 操作方法

(1)根据井内鱼顶的接箍规格,选用捞矛及卡瓦;

(2)将工具拧紧在打捞管柱的最下端,下入井内。下至距鱼顶1~2m处,开泵循环,冲洗鱼顶。待循环正常后停泵,入鱼;

(3)当悬重回降停止下放,慢慢上提,若悬重增加说明打捞成功;

(4)适用范围及用途。专门用来捞取鱼顶为为ϕ73mm油管内螺纹的工具。

7. 注意事项

(1)被捞接箍应该是完好的;

(2)起出井后反转卡瓦即可退出工具;

(3)工具下井前上部应接安全接头。

三、卡瓦打捞筒

1. 基本概念

卡瓦打捞筒是一种修井常用打捞工具,它既可用于打捞,还可对遇卡管柱实施倒扣作业,以DLT-114卡瓦打捞筒为例来说明。

2. 名称

DLT-114卡瓦打捞筒。

3. 结构

由上接头、筒体、弹簧、卡瓦座、卡瓦、引鞋等组成。

4. 技术规范

外形尺寸：ϕ114mm×660mm,接头螺纹：NC31,许用拉力950kN。

5. 工作原理

当工具的引鞋引入落鱼之后,下放钻具,落鱼将卡瓦上推,压缩弹簧,使卡瓦脱开筒体锥孔上行并逐渐分开,落鱼进入卡瓦,此时卡瓦在弹簧作用下被下压,将鱼顶抱住,并给鱼顶以初夹紧力,上提钻具,在初夹紧力的作用下,筒体上行,卡瓦、筒体内外锥面贴合,产生径向夹紧力,将落鱼卡住,提钻即捞出。对于不同直径的落鱼,只要在筒体许可的情况下更换不同的卡瓦,即可打捞不同尺寸的落鱼。

6. 操作方法

（1）地面检查卡瓦尺寸,用卡尺测量卡瓦结合后的椭圆长短轴尺寸,其长轴尺寸应小于落鱼1~2mm,并压缩卡瓦,观察是否具有弹簧压缩力；

（2）测绘草图；

（3）接好钻具,下钻至鱼顶以上1~2m处开泵洗井；

（4）再缓慢下放钻具,观察指重表及泵压变化,若指重表指针有轻微跳动后逐渐下降,泵压也有变化时,说明已引入落鱼,可以试提钻具。当悬重明显增加,证明已捞获,即可提钻。若落鱼重量较轻,指重表反应不明显时,可以转动钻具90°重复打捞数次,再进行提钻。当需要倒扣时,上提至倒扣负荷进行倒扣作业。注意卡瓦捞筒传递扭矩的键多数是在筒体上开窗焊接的,其强度较低,不能承受大的扭矩。

7. 适用范围及用途

卡瓦打捞筒是不可退式的外捞工具,可以抓捞各种管、杆落鱼,还可对遇卡管柱实施倒扣作业。打捞落鱼外径范围ϕ48~73mm。

8. 注意事项

（1）由于该工具不能退出,因此只适用于打捞未卡落鱼；

（2）工具下井前上部应接安全接头。

四、不可退式抽油杆打捞筒

1. 基本概念

抽油杆打捞筒是专门用来打捞断裂在油管或套管内抽油杆的一种打捞工具，以 CLT-55×22 抽油杆打捞筒为例来说明。

2. 名称

CLT-55×22 抽油杆打捞筒。

3. 结构

由上接头、筒体、内套、弹簧、卡瓦等组成。

4. 技术规范

最大外径：ϕ55mm，接头螺纹：CYG22，许用拉力：270kN。

5. 工作原理

经筒体大锥面进入筒体内的抽油杆，首先推动两瓣卡瓦沿筒体内锥面上行，并随卡瓦内孔逐渐增大，弹簧被压缩。当内孔达到一定值后，在弹簧力的作用下将卡瓦下推，使筒体、卡瓦内外锥面贴合，卡瓦内孔贴紧抽油杆。此时，上提工具，由于卡瓦锯形牙齿与抽油杆的摩擦力，使卡瓦保持不动，筒体随之上升，内外锥面贴合得更紧。在上提负荷的作用下，内外锥面间产生径向夹紧力，使两块卡瓦内缩，咬住抽油杆。随着上提负荷的增加夹紧力也越大，从而实现打捞。

6. 操作方法

（1）按井内的抽油杆尺寸选定卡瓦，按井口的抽油杆尺寸选定上接头；

（2）拧紧各部螺纹，下入井内；

（3）当指重表悬重下降时，停止下放工具管柱；

（4）上提工具管柱；

（5）起出井后，卸去上接头、弹簧，取出卡瓦，即可提出抽油杆。

7. 适用范围及用途

它是不可退式的外捞工具，专门在 ϕ73mm 油管内打捞断抽油杆，打捞外径 ϕ22mm 的杆类落物。

8. 注意事项

如果井下抽油杆鱼顶进入工具筒体困难时，可慢慢右旋工具使其进入筒体。

五、磁力打捞器

1. 基本概念

磁力打捞器是用来打捞在钻井、修井作业中掉入井里的钻头巴掌、牙轮、轴、卡瓦牙、钳牙、手锤等小件铁磁性落物的工具，以 CL100ZG 磁力打捞器为例来说明。

2. 名称

CL100ZG 磁力打捞器。

3. 结构

由上接头、压盖、壳体、磁钢、芯铁、隔磁套（铣磨鞋、引鞋）等组成。

4. 技术规范

公称直径：ϕ100mm，接头螺纹：ϕ73mmTBG，吸力$\geqslant$5kN，适用温度$\leqslant$250℃。

5. 工作原理

磁力打捞器是一个以两个同心圆形的壳体引鞋和铁芯组成。两极磁通路之间无铁磁材料区域，使芯铁、引鞋最下端有很高的磁场强度，由于磁通路是同心的，因此磁力线呈辐射状，并集中于靠近打捞器下端的中心处，可把小块铁磁性落物磁化吸附在磁极中心，这种结构形式的磁力打捞器，即使所吸住的大块落物位于芯铁、引鞋间的空间，也不会切断磁通路，还可以吸附一些与其相接触的小形落物，实现打捞。

6. 操作方法

（1）根据井径及落物特点，选择合适的引鞋及打捞器；

（2）将打捞器拧紧在打捞钻柱上下井；

（3）当磁力打捞器下至距落物鱼顶3~5m时，开泵循环冲洗井底；

（4）待井底冲洗干净后，在保持循环的前提下，缓慢下放钻具，触及落物，此时钻压不得超过10kN。然后上提0.5~1m，将打捞器转动90°，再重复上述动作确认落物被吸，上提停泵，起钻。

7. 适用范围及用途

适用于ϕ108~121mm井眼内用来打捞在钻井、修井作业中掉入井里小件铁磁性落物的工具。

8. 注意事项

（1）磁力打捞器入井前，必须用木板或胶皮同其他铁磁性设备隔开；

（2）取下护磁板及被吸住的落物时，操作者的施力方向应与工具中心线垂直；

（3）操作者不准持铁磁性工具接近磁力打捞器底部，以防伤人；

（4）运输、装卸过程中避免剧烈震动和摔碰。

六、活页式捞筒

1. 基本概念

活页式捞筒又名活门打捞筒，主要用于在大的环形空间里打捞鱼顶为带台阶或接箍的小直径杆类落物，以HYLT22活页式捞筒为例来说明。

2. 名称

HYLT22活页式捞筒；

3. 结构

由上接头、活页总成、筒体组成。

4. 技术规范

外形尺寸：$\phi 114mm \times 500mm$，接头螺纹：NC31，可换筒体。

5. 工作原理

鱼顶为接箍的落鱼引入筒体后，顶开活页卡板，活页卡板绕销轴转动。当接箍通过卡板后，在扭力弹簧的作用下卡板自动复位，接箍以下杆柱正好进入活页卡板的开口里，上提工具，接箍卡在活页卡板上，实现打捞。

6. 操作方法

（1）地面全面检查各处螺纹，逐一连接上紧。检查活页卡板能否自由活动，弹簧能否使活页卡板自动复位，卡板开口尺寸与落鱼尺寸是否相同。最好能用与落鱼相同的试件进行试验；

（2）下钻至鱼顶以上1~2m，开泵洗井，慢转慢放引鱼入鞋，下放时应注意观察指重表悬重变化，如有轻微变化，应立即停止下放，上提钻具，当悬重增加，证明已捞获，可以提钻。如无显示，应重复打捞，直至捞获。

7. 适用范围及用途

在$\phi 139.7mm$套管内打捞带接箍的$\phi 22mm$抽油杆或相应的有台阶的杆类落物。

8. 注意事项

在套管内用此工具打捞抽油杆时，抽油杆极易受压弯曲变形，使打捞失败（未捞获或捞获后提断），增加二次打捞难度。故在打捞操作中，切不可猛放重压，必须按慢放轻压、旋转入鱼、逐级加深、多次打捞的方法操作。

七、三球打捞器

1. 基本概念

三球打捞器是专门用来在套管内打捞有接箍的抽油杆或有加厚台阶部位的打捞工具,以SQ114-02三球打捞器为例来说明。

2. 名称

SQ114-02三球打捞器。

3. 结构

由筒体、钢球、引鞋等零件组成。

4. 技术规范

外形尺寸:ϕ114mm×305mm,接头螺纹:ϕ73mmTBG。

5. 工作原理

三球打捞器靠三个球在斜孔中位置的变化来改变三个球公共内切圆直径的大小,从而允许抽油杆台肩和接箍通过。带接箍或带台肩的抽油杆进入引鞋后,接箍或者台肩推动钢球沿斜孔上升,三个球内切圆逐渐增大;待接箍或台肩通过三个球后,三个球靠其自重沿斜孔进行回落,停靠在抽油杆本体上;上提钻具,抽油杆台肩或接箍因尺寸较大无法通过而压在三个球上,斜孔中的三个钢球在斜孔的作用下,给落物以径向夹紧力,从而抓住落鱼。

6. 操作方法

(1)将三球打捞器连接在工具管柱最下端;

(2)直接下井,待过鱼头后,再缓慢上提。若指重表比原悬重增加,说明已抓获落鱼;

(3)起钻。

7. 适用范围及用途

它是专门用来在ϕ139.7mm套管内打捞有接箍的ϕ22mm、ϕ25mm抽油杆或有台阶的杆类落物。

8. 注意事项

入井前检查工具外径尺寸,三球活动情况并涂机油润滑。

八、内钩

1. 基本概念

内钩是专门用于从套管内打捞各种绳、缆类落物的工具。如钢丝绳、电缆、录井钢丝、刮腊片等,以适用于ϕ139.7mm套管的内钩为例来说明。

2. 名称

内钩。

3. 结构

由上接头、钩身、钩尖组成。

4. 技术规范

外形尺寸：ϕ114mm×500mm，接头螺纹：NC31，钩齿纵向间距：0.25～0.3m，纵向夹角：120°。

5. 工作原理

外形尺寸：ϕ114mm×500mm，接头螺纹：NC31，钩齿纵向间距：0.25～0.3m，纵向夹角：120°。

6. 操作方法

（1）地面检查丝扣是否完好，各焊点是否牢固无损，钩尖是否合适锐利；

（2）工具下入之前应根据井内落物的具体情况初步估算出鱼顶深度。当工具下至鱼顶上放50m后，即应放慢速度进行试探打捞，注意观察指重表悬重变化。如指重表有下降情况，立即停止下放，上提钻具观察悬重有无增加，如无反应可以加深5～10m继续打捞。如此逐步加深打捞深度，直至钻压能加至5kN左右为止，即可提钻将落鱼捞出。

7. 适用范围及用途

适用于从套管或油管内部打捞各种绳类及其他落物，如钢丝绳、电缆、录井钢丝、刮腊片等。

8. 注意事项

（1）在打捞操作时，自鱼顶以上放50m开始慢下，微压多提，多次打捞；

（2）为了防止形成"钢丝活塞"而造成工具卡钻，可以在内钩接头上部，连接较大直径的防卡接头，或在接头与钩身处增加防卡盘；

（3）有时为了特殊打捞，可切去内钩的一支钩身，作偏心捞钩使用，可收到良好效果；

（4）工具下井前上部应接安全接头。

九、反循环打捞篮

1. 基本概念

反循环打捞篮是专门用于打捞钢球、钳牙、炮弹垫子、井口螺母、胶皮碎片等井下小件落物的一种工具，以FLL03反循环打捞篮为例来说明。

2. 名称

FLL03 反循环打捞篮。

3. 结构

由上接头、筒体、篮筐总成、引鞋等组成。

4. 技术规范

外形尺寸：ϕ110mm×1153mm，接头螺纹：NC31。

5. 工作原理

它是依靠大流量、高压力的反洗井液体冲击井底，使落物悬浮运动推开篮爪，捞篮爪绕销轴转动竖起，篮筐开口加大，落物进入筒体，然后篮爪恢复原位，阻止了进入筒体的落物出筐，实现打捞。

6. 操作方法

（1）检查各零部件尤其篮筐总成是否完好灵活，可用手指或工具轻顶篮爪观察是否可以自由旋转，回位是否及时灵活；

（2）将工具接上钻具，下至落物鱼顶以上 3~5m 开泵反洗井；

（3）循环正常后，再缓慢下放钻具，边冲边放。当工具遇阻或泵压升高时，可以提钻具 0.5~1m 并作好放入记号；

（4）以较快的速度下放钻具，在离井底 0.3m 左右突然刹车，使工具快速下行，造成井底液体紊流，迫使落物运动进入筒体，以增加打捞效果；

（5）循环 10min 左右停泵，起钻。

7. 适用范围及用途

ϕ139.7mm 套管内打捞落物最大外径小于 75mm 的小件落物。

8. 注意事项

（1）反循环洗井排量要大；

（2）使用这种工具时，井口必须有能保证反循环的封井设备。

十、倒扣捞矛

1. 基本概念

倒扣捞矛是一种修井常用打捞工具，它既可用于打捞、倒扣，又可释放落鱼，以 DLM-T105×73 倒扣捞矛为例来说明。

2. 名称

DLM-T105×73 倒扣捞矛。

3. 结构

由上接头、矛杆、花键套、限位块、定位螺钉、卡瓦等零件组成；

4. 技术规范

接头最大外径：ϕ105mm，接头螺纹：NC31，打捞管柱外径范围：ϕ60~78mm，许用拉力：500kN，倒扣拉力：166kN，倒扣扭矩：5799N·m；

5. 工作原理

倒扣捞矛靠两个零件在斜面或锥面上相对移动胀紧或松开落鱼，靠键和键槽传递力矩，或正转或倒扣。倒扣捞矛在抓捞和倒扣作业中，主要动作过程如下：当外径略大于落鱼通径的卡瓦接触落鱼时，卡瓦与矛杆开始产生相对滑动，卡瓦从矛杆锥面脱开。矛杆继续下行，连接套顶着卡瓦上端面，迫使卡瓦缩进落鱼内。若停止下放，此时卡瓦对落鱼内径有外胀力，紧紧贴住落鱼内壁，尔后上提钻具，矛杆上行，矛杆与卡瓦锥面吻合，随着上提力的增加，卡瓦被胀开，外胀力使得卡瓦上的三角形牙咬入落鱼内壁，继续上提即可实现打捞。如果此时在钻杆上施以扭矩，那么扭矩将通过上接头的牙嵌、连接套上的内花键、矛杆上的键把扭矩传给卡瓦乃至落鱼，即实现倒扣。如果在井中需要退出落鱼，必须下击矛杆，使矛杆与卡瓦锥面脱开，然后右旋钻杆使矛杆转动，卡瓦下端倒角斜面进入锥面键的夹角中，此时卡瓦上部的筒体内壁的四分之一弧形孔的侧面与矛杆上的限位键接触，限定了卡瓦与矛杆的相对位置，上提钻具卡瓦矛杆锥面不再贴合，即可退出落鱼。

6. 操作方法

（1）检查工具卡瓦尺寸是否符合所打捞的油管或钻杆的尺寸；

（2）拧紧各部连接螺纹，下入井中；

（3）离鱼顶1~2m停止下放，记录悬重，开泵循环冲洗鱼顶，待循环稳定后停泵；

（4）在慢慢左旋的同时下放工具，待悬重下降有打捞显示时，停止下放及旋转；

（5）上提至设计的倒扣负荷、倒扣；

（6）释放落鱼时，可用钻具下击，右旋约1/4~1/2圈，上提钻具即可退出。

7. 适用范围及用途

可用于内捞鱼腔在60~78mm的管类落物，又可释放鱼顶，可循环。

8. 注意事项

打捞时缓慢下放，严禁猛蹾，确保矛瓦完好入鱼；解卡、起钻或倒扣时，不允许超过许用范围。

十一、倒扣捞筒

1. 基本概念

倒扣捞筒是一种修井常用打捞工具。它既可打捞、倒扣，又可释放落鱼，还能进行循环洗井，以 DLT-T114×73 倒扣捞筒为例来说明。

2. 名称

DLT-T114×73 倒扣捞筒。

3. 结构

由上接头、筒体、卡瓦、限位座、弹簧、密封装置和引鞋组成。

4. 技术规范

最大外径：ϕ114mm，接头螺纹：NC31，打捞管柱外径：ϕ72～75mm，许用拉力：420kN，倒扣拉力：180kN，倒扣扭矩：7750N·m。

5. 工作原理

靠两个零件在锥面或斜面上的相对运动夹紧或松开落鱼，靠键和键槽传递扭矩。

6. 操作方法

（1）检查捞筒规格是否与落鱼尺寸相符；

（2）拧紧各部螺纹，下井；

（3）距鱼顶1～2m时开泵循环冲洗鱼顶，待循环正常后3～5min停泵，记录悬重；

（4）慢慢左旋下放工具，待悬重回降后停；

（5）规定上提并倒扣；

（6）需要退出落鱼时，钻具下击，使工具向右旋转1/4～1/2圈并上提钻具，即可退出落鱼。

7. 适用范围及用途

既可用于打捞、倒扣，又可释放落鱼，还能进行洗井循环。

8. 注意事项

打捞时缓慢下放，严禁猛蹾，确保卡瓦完好入鱼；解卡、起钻或倒扣时，不允许超过许用范围。

十二、可退式打捞矛

1. 基本概念

可退式打捞矛是一种修井常用打捞工具，它既可抓捞自由状态下的管柱，也可抓捞遇卡管柱并能自由退出，以LM-T105×73可退式打捞矛为例来说明。

2. 名称

LM-T105×73可退式打捞矛。

3. 结构

由上接头、芯轴、圆卡瓦、释放环、引鞋组成。

4. 技术规范

接头最大外径：ϕ105mm，接头螺纹：NC31，许用拉力：440kN。

5. 工作原理

打捞时，工具进入鱼腔，圆卡瓦被压缩，产生外张力，卡瓦紧贴落物壁。随芯轴上行，拉力增加，芯轴、卡瓦上的锯齿锥面吻合，卡瓦产生径向力，咬住落鱼，实现打捞。退出时，下击芯轴，正转2~3圈后，上提钻具，退出工具。

6. 操作方法

（1）合理选择工具，检查工具螺纹卡瓦窜动量是否合格；

（2）下至鱼顶以上2m，开泵冲洗，探鱼顶。捞矛进入鱼腔后，反转钻具1~2圈，试提悬重增加，捞获；

（3）退出时，下击芯轴，正转2~3圈后，上提钻具，退出工具。

7. 适用范围及用途

在ϕ139.7mm套管内打捞带接箍的ϕ73mm油管，它既可抓捞自由状态下的管柱，也可抓捞遇卡管柱，还可按其不同的作业要求与安全接头、上击器、加速器、管子割刀等组合使用。

8. 注意事项

工具入鱼平稳，不能超负荷使用，用后及时清洗、检查和保养。

十三、篮式卡瓦捞筒

1. 基本概念

篮式卡瓦捞筒是一种修井常用打捞工具，从管子外部进行打捞，可打捞不同尺寸的油管、钻杆和套管等鱼顶为圆形的落鱼，并可与震击类工具配合使用，以LT-T114×73篮式卡瓦捞筒为例来说明。

2. 名称

LT-T114×73篮式卡瓦捞筒。

3. 结构

上接头、壳体总成、篮式卡瓦、铣控环、内密封圈、"O"型圈、引鞋，等件组成。

4. 技术规范

最大外径：φ114mm，接头螺纹：NC31，打捞管柱外径：φ73mm，许用拉力：500kN。

5. 工作原理

当篮式卡瓦捞筒捞获落鱼后，上提钻具，卡瓦外螺旋锯齿形锥面与筒体内相应的齿面有相对位移，而将落鱼卡紧捞出。

6. 操作方法

（1）选择好工具尺寸，在下井前用手推动卡瓦是否灵活，键槽是否合格；

（2）将工具下至鱼顶以上 2~3m，开泵洗井，并观察泵压及悬重；

（3）慢放钻具至鱼顶时，边正转边下放，使打捞筒进入鱼顶，并观察方入、悬重及泵压变化；

（4）缓慢上提，若悬重大于原打捞钻柱悬重，说明已捞获，可继续上提。如果在上提时悬重一直上升至工具所允许最大载荷时，应停止上提，说明遇卡严重，应将打捞筒退出落鱼。其方法是：

① 如果打捞筒上部带有下击器，可按下击器操作规程进行；若无下击器，可视钻具重量加压下击或较缓慢溜钻下击；

② 一边正转，一边上提即可退出。

7. 适用范围及用途

篮式卡瓦捞筒是从管子外部进行打捞的一种工具，可打捞不同尺寸的油管、钻杆和套管等鱼顶为圆柱形的落鱼，并可与震击类工具配合使用。

8. 注意事项

（1）用篮式卡瓦捞筒在磨铣鱼顶时，加压不应过大；

（2）捞筒内有密封圈，当落鱼进入捞筒循环洗井时，应注意泵压变化，防止憋泵；

（3）由于工具外径较大，井内必须清洁，防止沉砂卡钻；

（4）如被捞管柱未卡，可直接下打捞筒打捞；如遇卡严重可配震击类工具使用。

十四、开窗打捞筒

1. 基本概念

开窗打捞筒用来打捞载荷小、长度短、管状、柱状，具有台阶的落物，以KLT114 开窗打捞筒为例来说明。

2. 名称

KLT114 开窗打捞筒。

3. 结构

由筒体与上接头两部分焊接而成(也有用丝扣连接的)。

4. 技术规范工具外径

ϕ114mm，接头螺纹：NC31，窗口参数：排数：2~3，舌数：6~1。

5. 工作原理

当落鱼进入筒体并顶开窗舌时，窗舌外张，其张力紧紧咬住落鱼本体，窗舌卡住台阶，即把落物捞住。

6. 操作方法

(1) 检查各部螺纹或焊缝是否完好牢固。测量窗舌尺寸与自由状态的最小内径是否能与落鱼配合，并留图待查；

(2) 下钻至鱼顶以上 2~3m，开泵洗井。慢转钻柱下放。观察指重表与方入变化，记好碰鱼方入，引导筒体入鱼；

(3) 继续下放钻柱，使落鱼进入工具筒体内腔(视落鱼具体情况，可以稍加钻压或不加钻压)。若落物较短、井较深、方入及悬重变化难于判断时，可在一次打捞之后，将钻柱提起 1~2m，再旋转下放，重复数次，即可提钻；

(4) 在打捞中应注意观察指重表反应。在进行第二次打捞时如无碰鱼反应，可再行打捞一次。若仍无反应，说明在第一次已将落鱼捞获，即可停泵提钻。

7. 适用范围及用途

开窗打捞筒是一种用来打捞长度较短的管状、柱状落物或具有台阶落物的工具，如带接箍的油管短节、筛管、测井仪器、加重杆等。也可在工具底部开成一把抓齿形组合使用。

8. 注意事项

捞获落鱼提钻时应平稳操作，切勿蹾钻与敲击钻柱，以免将落鱼震落，再次掉井。

第三节 封 隔 器

一、Y221-115 封隔器

1. 基本概念

Y221-115 封隔器用于套管内与其他工具配合，实现分层找水、分层采油、分层压裂、酸化、找窜、封窜。

2. 名称

Y221-115 封隔器。

3. 结构

由密封、轨道换向和卡瓦总成三部分组成。

4. 技术规范

最大外径：ϕ115mm，最小通径：ϕ48mm，座封载荷：60~80kN，工作压力：15MPa，工作温度≤120℃。

5. 工作原理

坐封时按所需坐封高度上提正转后下放，依靠扶正器弹簧张力，销钉由短槽运动至长槽，卡瓦被锥体撑开卡在套管上；同时，剪钉被剪断，上接头、中心管下行压缩胶筒，封隔油套环形空间。解封时，上提管柱，锥体退出，卡瓦、胶筒收回而解封。

6. 操作方法

在下井过程中滑环销钉始终在短轨道上死点内，到设计位置后，上提坐封所需高度，正转慢放管柱，销钉进入长轨道，停止转动，继续下放管柱，扶正块托住卡瓦牙，锥体下移撑开卡瓦，卡瓦卡在套管内壁上，油管载荷压缩胶筒，胶筒膨胀，从而封隔油套环空。解封时，上提油管，中心管上移，滑环销钉沿轨道斜壁移至短轨道下死点，胶筒和卡瓦牙收回，从而解封。

7. 适用范围及用途

适用于 ϕ139.7mm 套管井的分层试油、分层找水、分层采油、分层压裂、酸化、找窜、封窜。

8. 注意事项

该封隔器下井中途坐封应上提解封后缓慢下入，不可强蹾；起下过程中，应平稳操作，严禁猛提猛放；座封位置避开套管接箍，负荷要恰当；管柱数据准确，指重表准确灵敏。下封隔器前必须通井刮管。

二、Y111-115 封隔器

1. 基本概念

Y111-115 封隔器与其他工具配合，实现分层找水、分层采油、分层压裂、酸化、找窜、封窜。

2. 名称

Y111-115 封隔器。

3. 结构

由上部接头、销钉、调节环、胶筒、隔环、承压接头、中心管、剪钉、键、导向头组成。

4. 技术规范

最大外径：φ115mm，内通径：φ62mm，长度：765mm，座封载荷：60～80kN，工作温度≤120℃，工作压力≤8MPa。

5. 工作原理

利用尾管或支撑卡瓦支撑，管柱载荷坐封，压缩胶筒，胶筒膨胀封隔油套环形空间。

6. 操作方法

利用尾管或支撑卡瓦支撑，管柱载荷坐封，压缩胶筒，胶筒膨胀封隔油套环形空间。

7. 适用范围及用途

适用于φ139.7mm套管井的分层卡堵水、找水和试油。

8. 注意事项

该封隔器应缓慢下井，平稳操作，严禁猛提猛放，上扣时打好背钳；座封位置避开套管接箍，负荷要恰当。下封隔器前必须通井刮管。

三、Y211-115 封隔器

1. 基本概念

Y211-115封隔器与其他工具配合，实现分层找水、分层采油、分层压裂、酸化、找窜、封窜。

2. 名称

Y211-115封隔器。

3. 结构

由密封、轨道换向、卡瓦总成三部分组成。

4. 技术规范

最大外径：φ115mm，最小通径：φ48mm，长：2067mm，座封载荷：80～100kN，工作温度≤120℃，工作压差≤15MPa。

5. 工作原理

坐封时按所需坐封高度上提后下放，依靠扶正器弹簧张力，滑环销钉由短槽运动至长槽，卡瓦被锥体撑开卡在套管上；同时，剪钉被剪断，上接头、中心管下行压缩胶筒，胶筒膨胀封隔油套环形空间。解封时，上提管柱，锥体退出，卡瓦、胶筒收回而解封。

6. 操作方法

下井前检查封隔器是否完好、灵活；下至预定位置，上提管柱至座封高度，缓慢下放，即可使封隔器座封；解封时，上提油管超过座封高度即可解封。

7. 适用范围及用途

适用于 ϕ139.7mm 套管井的分层堵水、找水和试油。

8. 注意事项

下油管时上提管柱高度不得超过防坐距，座封负荷要恰当；起下时平稳操作，严禁猛提猛放，不可强蹾压下；座封位置避开套管接箍。下封隔器前必须通井刮管。

四、Y341-115 封隔器

1. 基本概念

Y341-115 封隔器与其他工具配合，实现分层找水、分层注水、分层试油。

2. 名称

Y341-115 封隔器。

3. 结构

由锚定机构、密封总成、座封锁紧机构组成。

4. 技术规范

钢体最大外径：ϕ115mm，钢体最小通径：ϕ59mm，坐封压力：16~20MPa，工作温度≤120℃，工作压差≤15MPa，胶筒形式：YS 式，连接螺纹：ϕ73mmTBG。

5. 工作原理

下至设计位置后，油管内打压，使反洗井活塞下行，同时推动座封活塞上行，带动锁套和胶筒座上行压缩胶筒，卡环锁紧，达到密封油套环形空间的目的。反洗井时，洗井活塞上行，打开洗井通道，液体由底部球阀从油管返出。解封时下放油管，使解封锁块失去内支撑，使封隔器解封。

6. 操作方法

下井前地面检查；与配套工具下至预定位置，从油管内打压 16~20MPa，稳压 5~6min，实现座封；打开油管闸门，从环空注入洗井液即实现反洗井；上提油管，卸下悬挂器，下放管柱即可解封。

7. 适用范围及用途

适用于 ϕ139.7mm 套管井的分层注水、找水。

8. 注意事项

下井前应该通井、刮管，视井况验串，并检验、试压20MPa不渗不漏；验证配套工具和油管、底球的通过性及密封性；座封位置避开套管接箍；起下时操作平稳，严禁猛提猛放。

第四节　井下作业常用工具

一、管钳

1. 主要用途

是用来转动金属管或其他圆柱形工件，上、卸螺纹的工具。是井下作业施工连接地面管线和连接下井管柱的常用工具。

2. 技术规范

长度×合理使用范围×可咬管件最大直径：600mm×(50~62)mm×70mm；900mm×(62~76)mm×80mm；1200mm×(76~100)mm×100mm。

3. 注意事项

（1）使用前应先检查固定销钉是否牢固，钳头、钳柄有无裂痕，不牢固、有裂痕者不能使用；

（2）使用管钳不能加加力杠；

（3）不能将管钳当榔头或撬杠使用；

（4）用后要及时清洗、保养。

二、活动扳手

1. 主要用途

是用来上卸多种规格螺帽、螺栓的工具，它的开口大小可在规定的范围内进行调节。

2. 技术规范

全长×最大开口：100mm×14mm；150mm×19mm；200mm×24mm；250mm×30mm；300mm×36mm；350mm×41mm；375mm×46mm；450mm×55mm。

3. 使用方法

（1）使用时应根据所上卸螺帽、螺栓的大小选用相符合的扳手；

（2）使用活动扳手夹螺帽应松紧适宜；

（3）拉力的方向要与扳手的手柄成直角。

4. 注意事项

(1) 禁止加加力杠；

(2) 禁止锤击扳手；

(3) 禁止反打扳手；

(4) 禁止扳手代替榔头使用；

(5) 用后要及时清洗、保养。

三、油管吊卡

1. 主要用途

是卡住油管或其他钻具将其吊起的专用工具，依靠提升系统上下运动完成起下井下管柱作业（常用的吊卡有活门式和月牙式两种）。

2. 使用方法

(1) 用前检查活门、月牙是否灵活好用；

(2) 在起下管柱时，应先将活门或月牙完全打开，卡在油管或钻杆接箍下方，再关闭活门或月牙，将左右两侧悬挂在吊环上，然后插好销子。

3. 注意事项

(1) 按规定定期检测；

(2) 吊卡销子要系好保险绳；

(3) 吊卡用后要及时清洗、保养；

(4) 防止加厚油管和平式油管吊卡用错。

四、抽油杆吊卡

1. 主要用途

是起、下抽油杆的专用工具。

2. 使用方法

(1) 在使用前先检查吊柄、卡柄是否灵活好用；

(2) 将吊卡卡在抽油杆上，吊柄挂在小钩上，锁住小钩安全锁销。挂抽油杆时要注意卡牢吊卡卡柄。

3. 注意事项

(1) 要注意检查卡柄的规格同抽油杆的规格是否适合；

(2) 起吊时手要握在吊柄中部，防止挤伤手指；

(3) 用后要及时清洗、保养；

(4) 工具要按规定定期检测。

五、修井公锥

1. 基本概念

公锥是一种专门从有孔落物的内孔进行造扣打捞的修井常用打捞工具，以 GZ-NC31 修井公锥为例来说明。

2. 结构

为长锥形整体结构，分接头和打捞螺纹两部分。

3. 技术规范外形尺寸

ϕ105mm×800mm，接头螺纹：NC31，打捞孔径：48~65mm，打捞螺纹表面硬度：HRC60~65，抗拉强度≥932MPa。

4. 工作原理

公锥进入打捞鱼腔之后，加适当钻压旋转钻具吃入落物内壁进行造扣。当其能承受一定的拉力和扭距时，可采取上提或倒扣的办法将落物全部或部分捞出。

5. 操作方法

当工具下至鱼顶上部 1~2m 时，开泵冲洗，并逐步下放工具至鱼顶，观察泵压变化。如泵压突然上升，指重表悬重下降，说明公锥进入鱼腔，可以造扣打捞。如悬重逐步下降而泵压并无变化，说明公锥插入鱼腔外壁的套管环形空间，应上提钻柱，然后转动钻柱，重对鱼腔，直至悬重与泵压均有明显变化（公锥入腔），才能加压造扣，并进行打捞。

6. 适用范围及用途

主要用于打捞落物内腔在 48~65mm 的有接箍的油管或厚壁管类落物。

7. 注意事项

（1）打捞时，不允许猛蹾鱼顶，以防将鱼顶或打捞螺纹蹾坏；

（2）切忌在落鱼外壁与套管内壁的环形空间造扣，以避免造成严重后果；

（3）工具下井前上部应接安全接头。

六、母锥

1. 基本概念

母锥是一种修井常用打捞工具，专门用于从管柱落物外壁进行造扣打捞，以 MZ-NC31 母锥为例来说明。

2. 名称

MZ-NC31 母锥。

3. 结构

母锥是长筒形整体结构，由上接头与本体两部分构成；技术规范：外形尺寸：ϕ115mm×600mm，接头螺纹：NC31，打捞管柱外径：ϕ89mm，打捞螺纹表面硬度：HRC60~65，抗拉强度≥932MPa。

4. 工作原理

母锥依靠打捞丝扣在钻压与扭距作用下，挤压吃入落物外壁造扣，将落物捞出。

5. 操作方法

当工具下至鱼顶上部1~2m时，开泵循环，下放观察泵压、悬重变化迫使鱼顶进入母锥内部进行造扣打捞。

6. 适用范围及用途

打捞管柱外径为ϕ89mm的落物。

7. 注意事项

（1）打捞外径较小落鱼时，应加引鞋，防止造扣位置错误，酿成事故；

（2）打捞时，不允许猛蹾鱼顶，以防将鱼顶或打捞螺纹蹾坏；

（3）工具下井前上部应接安全接头。

七、三牙轮钻头

1. 基本概念

三牙轮钻头是修井作业中用来钻水泥塞、堵塞井筒的砂桥和各种矿物结晶的工具，以117.4-231S三牙轮钻头为例来说明。

2. 名称

117.4-231S三牙轮钻头。

3. 结构

接头、巴掌、牙轮、轴承及密封件等组成。

4. 技术规范

钻头直径：ϕ117.4mm，连接螺纹：ϕ73mmREG。

5. 工作原理

当锥形牙轮中心线与钻头中心线交于一点时，钻头旋转，牙轮相对井底作滚动运动，对井底进行碾压破碎；牙轮中心线与钻头中心线相互错开时，牙轮除滚动运动之外，还有进给运动，牙齿对井底同时产生碾压、破碎与切刮作用，将地层逐步破碎。

6. 操作方法

（1）用钻头规测量钻头尺寸并配好连接接头；

（2）下井前，地面检查每只牙轮转动是否灵活，有无较大的松动；

（3）下至井底前开泵循环洗井并启动转盘，待转盘运转平稳之后，再缓慢下放，冲净井内沉砂；

（4）逐步向钻头施加钻压，钻水泥塞时钻压为 10~25kN，不宜过大，否则有可能使钻头变形或致使牙轮脱落；

（5）选用适当的转速，钻水泥塞时一般用 50~70r/min 较为合适。

7. 适用范围及用途

在 ϕ139.7mm 套管内钻水泥塞、树脂塞、砂桥及各种矿物结晶。

8. 注意事项

（1）钻进中不能停止循环，应严格注意井口返出的洗井液；

（2）若钻进中途泥浆泵出现故障停泵时，应立即将钻具提升一个单根，以防止沉砂卡钻；

（3）钻头水眼较小，应防止下钻过程中沉砂堵死水眼。

八、锯齿形安全接头

1. 基本概念

安全接头连接在管柱上，传递扭距，承受拉、压和冲击载荷，当工具遇卡或动作失灵无法释放落鱼时，安全接头可首先脱开起出，再进行下部钻柱和工具的处理，以 AJ-C105-〔LH〕锯齿形安全接头为例来说明。

2. 名称

AJ-C105-〔LH〕锯齿形安全接头。

3. 结构

上接头、下接头及两个"O"型密封圈。

4. 技术规范

外径：ϕ105mm，接头螺纹：NC31，水眼直径：ϕ54mm，最大工作拉力：1340kN，最大工作扭矩：12.70kN·m。

5. 工作原理

上、下接头的宽锯齿型螺旋面，在外拉力的作用下，内、外锥面吻合可传递正、反扭矩；"八字型"凹凸结构产生预拉力恒定锁紧。遇卡时，利用锯齿螺纹易卸开的特点，倒开起出。

6. 操作方法

（1）检查上下接头密封件，螺纹牙是否完好；

（2）上、下接头宽锯齿形螺纹涂油、拧紧；

（3）对分层测试，分层措施管柱，安全接头接在测试工具与封隔器之上。对打捞工具管柱安全接头接在打捞工具之上；

（4）脱开安全接头的操作程序；

7. 适用范围及用途

它接在作业管柱上，正常时，可传递正反扭矩，拉、压负荷，保证压井液畅通。当工具遇卡时，安全接头可首先脱开，起出，简化作业程序。

8. 注意事项

特别注意下井前安全接头上、下接头必须拧紧，安全接头与管柱要拧紧。

九、平底磨鞋

1. 基本概念

平底磨鞋是在处理井下事故中，用于磨碎井下落物的修井工具，以 MP116 平底磨鞋为例来说明。

2. 名称

MP116 平底磨鞋。

3. 结构

由磨鞋本体及所堆焊的 YD 合金或其他耐磨材料组成。

4. 技术规范

接头螺纹：NC31，最大直径：ϕ116mm，水眼：ϕ14mm×2。

5. 工作原理

它是依其底面上 YD 合金和耐磨材料在钻压的作用下，吃入并磨碎落物，磨屑随循环洗井液带出地面。

6. 操作方法

（1）下井前检查钻杆丝扣是否完好，水眼是否畅通，YD 合金或耐磨材料不得超过本体直径；

（2）将平底磨鞋连接在工具最下端下井；

（3）下至鱼顶以上 2~3m，开泵冲洗鱼顶。待出口返出洗井液流平稳之后，启动转盘慢慢下放钻具，使其接触落鱼进行磨削。

7. 适用范围及用途

在 ϕ139.7mm 套管磨碎井下落物的工具。

8. 注意事项

（1）下钻速度不宜过快；

（2）作业中不得停泵；

（3）如单点长时间无进尺，分析原因，采取措施，防止磨坏套管；

（4）对活动鱼顶不宜使用，以防止磨鞋带动落鱼向井底钻进，或损坏下面落鱼；

（5）在磨铣时，应在磨鞋上部加接一定长度的钻铤，或在钻杆上加扶正器，以保证磨鞋平稳工作，避免损伤套管。

十、套管通径规

1. 基本概念

套管通径规是检测套管内径尺寸的常用工具，以 ϕ139.7mm 套管通径规为例来说明。

2. 名称

ϕ139.7mm 套管通径规。

3. 结构

套管通径规由接头与本体两部分构成。

4. 技术规范

外形尺寸：ϕ118mm×1200mm，上、下接头螺纹：NC31。

5. 工作原理

利用其刚度检测 ϕ139.7mm 管子内径的通过能力及变形情况。

6. 操作方法

将套管通径规连接下井管柱下入井内，通径规应能顺利通过，若遇阻则说明井下套管有问题。

7. 适用范围及用途

它是检测 ϕ139.7mm 套管内径尺寸简单而常用的工具。

8. 注意事项

（1）下井作业不准猛蹾，防卡钻；

（2）下井作业中应装自封，防止小件落物落井；

（3）洗井只能进行反洗井作业；

（4）不能与其他工具连接下井。

十一、ZX-P140 偏心辊子整形器

1. 基本概念

偏心辊子整形器是对油、气、水井套管轻度变形进行整形修复的专用工具，以 ZX-P140 偏心辊子整形器为例来说明。

2. 名称

ZX-P140 偏心辊子整形器。

3. 结构

由偏心轴、上辊、中辊、下辊、锥辊、钢球及丝堵等组成。

4. 技术规范

接头螺纹：$\phi 73mmREG$，整形范围：$\phi 105\sim 126mm$，最大整形量：$13mm$，水眼直径：$\phi 16mm$，整形率 96%，许用最大扭矩：$5541N\cdot m$。

5. 工作原理

当钻柱沿自身轴线旋转时，上、下辊绕自身轴线作旋转运动，而中辊轴线由于与上、下辊轴线有一偏心距 e，必绕钻具中心线以 $1/2D$ 中 $+e$ 为半径作圆周运动，这样就形成一组曲轴凸轮机构，形成以上、下辊为支点，中辊以旋转挤压的形式对变形部位套管进行修整。除此之外，当工具在变形较复杂的井段内工作时，由于变形量的不同，上下辊与中辊又可互为支点，但各支点的阻力各不相同，因此具有偏心距 e 的偏心轴旋转时，在变形量小阻力小的支点处，辊子边滚动边外挤。在变形量大阻力也大的支点处，偏心轴与辊子间产生滑动摩擦运动，并对变形部位向外挤胀。

6. 操作方法

（1）用卡尺检查各辊子尺寸是否符合设计要求。各辊子与轴的径向间隙不得大于 0.5mm；

（2）安装后用手转动各辊子是否灵活，上下滑动辊子，其窜动量不得大于 1mm；

（3）检查滚珠口丝堵是否上紧。上紧后锥辊应灵活转动，不能有任何卡阻现象；

（4）将工具各部涂油，接上钻柱，下入井中；

（5）下至变形位置以上 $1\sim 2m$ 处，开泵循环，待洗井平稳后启动转盘空转；

（6）慢放钻柱，使辊子逐渐进入变形井段，转盘扭矩增大后，缓慢进尺，直至通过变形井段；

(7)上提钻柱,用较高的转速反复进行划眼,直至能比较顺利地上下通过为止。

7. 适用范围及用途

该工具可以对油、气、水井轻度变形的套管进行整形修复,最大可恢复到原套管内径的98%。

8. 注意事项

下井前检查各部位是否符合要求,辊子内壁与轴间隙小于0.5mm,辊子上下窜动小于1mm,各部位灵活,无卡阻现象。

十二、套铣筒

1. 基本概念

套铣筒是解除砂、水泥及落物等卡管柱事故的筒状工具,以TXT-1-102套铣筒为例来说明。

2. 名称

TXT-1-102套铣筒套铣筒。

3. 结构

上接头、筒体、套铣鞋和合金材料组成。

4. 技术规范

最大外径:ϕ118mm,壁厚:8mm,接头螺纹:NC31,铣鞋内径:ϕ98mm,许用载荷:430kN,许用扭矩:6.2kN·m。

5. 工作原理

依靠底端的YD合金和耐磨材料在钻压的作用下,吃入并磨碎油管和套管之间的卡堵物,磨屑随循环洗井液带出地面。

6. 操作方法

(1)下井前检查工具丝扣是否完好,YD合金或耐磨材料不得超过本体直径;

(2)下至鱼顶以上2~3m,开泵冲洗鱼顶,待井口返出洗井液平稳后,启动转盘慢慢下放管柱,使其接触落鱼进行套铣。

7. 适用范围及用途

清除井下管柱与套管之间的水泥、沉砂等脏物。

8. 注意事项

(1)操作中应使工具处于转动状态,停泵必须起钻,还应经常使其上下活动,循环畅通;

（2）套铣加压一般不超过25kN。

十三、弹簧式套管刮削器

1. 基本概念

弹簧式套管刮削器是用于刮削套管内壁，消除套管内壁水泥、硬蜡、盐垢及炮眼毛刺的专用工具，以GX140T弹簧式套管刮削器为例来说明。

2. 名称

GX140T弹簧式套管刮削器。

3. 结构

壳体、刀板、刀板座、固定块、螺旋弹簧、内六角螺钉、接头等组成。

4. 技术规范

壳体外径：ϕ110mm，接头螺纹：NC31，刀片伸出最大外径：ϕ133mm，刀片伸出最小外径：ϕ115mm，水眼直径：ϕ25mm，刮削范围：ϕ117~ϕ128mm。

5. 工作原理

刀片在井内紧贴套管内壁，上提或下放管柱，刀片对井壁上的脏物进行刮削。

6. 操作方法

（1）根据套管内径选择合适刮削器，并确定刮削深度；

（2）拧紧各部螺纹后可直接下至刮削位置，开泵反循环；

（3）待循环正常后，边缓慢旋转工具，边缓慢下放，然后上提工具，反复进行；

（4）当指重表读数无任何变化，即下放悬重不变，上提悬重不升时，说明刮削干净。

7. 适用范围及用途

适用于ϕ139.7mm套管内，清除井壁杂物和射孔炮眼毛刺，使套管内畅通无阻。

8. 注意事项

（1）工具与管柱的连接丝扣必须上紧，防止接头松扣；

（2）刮削器下井过程中如遇阻，可缓慢旋转几圈再下放，但不可强下；

（3）刮削过程中，自始至终必须保持循环畅通；

（4）起钻时严禁管柱倒转。

十四、空心配水器

1. 基本概念

空心配水器是属于注水井控制类工具，用于分层注水、测试、调配，以 KHD401 活动空心配水器为例来说明。

2. 名称

KHD401 活动空心配水器。

3. 结构

由投捞部分和固定部分组成。

4. 技术规范

钢体最大外径：ϕ106mm，工具总长：542mm，开启压差：0.5~0.7MPa，工作压力：15MPa，芯子外径：ϕ58mm，芯子长度：250mm。

5. 工作原理

当注入水克服弹簧力时，凡尔上推弹簧离开凡尔座注入水通过凡尔与凡尔座间的间隙进入油套环空并注入地层，调配水量时，用投捞工具捞出芯子更换水嘴即可。

6. 操作方法

下井前检查配水器丝扣、弹簧是否完好；按要求下入井内设计深度；更换芯子、水嘴时，必须使芯子坐牢。

7. 适用范围及用途

用于分层注水、测试、调配。

8. 注意事项

（1）调整定压弹簧，使凡尔开启压力达到座封压力（大于封隔器座封压力）；

（2）连接配水器时，不得使配水器弹簧受挤压；下井过程中平稳操作，不得猛提猛放；

（3）配水器下井时顺序不得颠倒，自下而上为：405、404。

十五、铅模

1. 基本概念

铅模是探测井下落鱼鱼顶状态和套管情况的一种常用检测工具，以 ϕ118mm 铅模为例来说明。

2. 名称

φ118mm 铅模。

3. 结构

接箍、短节、拉筋、铅体等组成，中间有水眼。

4. 技术规范

铅模外径：φ118mm，接头螺纹：φ73mmTBG，水眼直径：φ25mm，铅体高度：200mm，底部铅体厚度：35mm，侧面铅体厚度：13mm，模芯直径：φ73mm。

5. 工作原理

依靠铅的硬度小，塑性好的特点，在钻压作用下与落鱼或变形套管接触，产生塑性变形，从而间接反映出鱼顶状态或套管情况。

6. 操作方法

（1）铅模完好，尺寸合适；

（2）涂螺纹密封脂，接上钻具下入井中；

（3）下至鱼顶以上 5m 时开泵冲洗，待冲净后，加压打印；

（4）打印加压一般 30kN，特殊情况可适当增减，但增加钻压时不能超过 50kN；

（5）打印加压一次后立即起钻。

7. 适用范围及用途

探测井下落鱼鱼顶状态和套管情况的一种常用工具。

8. 注意事项

（1）铅模在搬运过程中必须轻拿轻放，严禁摔碰。运输时，应底部向上或横向放置，并用包装材料包装；

（2）由于铅模水眼小易堵塞，钻具应清洁无氧化铁屑。为防止堵塞，可每下钻 300~400m 洗井一次；

（3）打印加压时，只能加压一次，不得重复打印。

第七章　修井机作业实训项目

第一节　起下作业

井下作业是油田勘探开发过程中保证油水井正常生产的技术手段。修井机是井下作业过程中最重要的设备，其作用可归纳为以下三个方面：

1. 起下作业

包括对发生故障或损坏的油管、抽油杆、抽油泵等井下采油设备和工具的提出，修理更换，再下入井内，以及抽吸、捞砂、机械清蜡等。

2. 井内的循环作业

包括冲砂、热洗循环泥浆等。

3. 旋转作业

包括钻砂堵、钻水泥塞、扩孔、磨削、侧钻及修补套管等。

一、修井机开机准备

在立好修井机架的基础上，再校正修井机井架，然后进行常规作业施工操作。

检查发动机的润滑油油面，散热器内的液面，以及柴油箱内的油面，检查发动机周围有无影响发动机旋转的异物，发动机起动后，首先检查机油压力是否正常，然后仔细听听发动机有无异常响声，发电机是否发电，打气泵打气是否正常，是否达到规定的温度。检查修井机周围有无影响车辆行驶的障碍物，清理车上的障碍物杂物及检查部件是否固定牢固(游动滑车及所有绷绳)。

二、修井工具准备

1. 打捞管类落物的工具

公锥、母锥、滑块卡瓦捞矛、接箍捞矛、可退捞矛、卡瓦捞筒、开窗捞筒、可退捞筒、水力捞矛、倒扣捞筒捞矛等。

2. 打捞杆类落物的工具

抽油杆打捞筒、组合式抽油杆捞筒、活页捞筒、三球打捞器、偏心式抽油杆接箍打捞筒、捞钩、抽油杆接箍捞矛等。

3. 打捞绳类落物的工具

外钩、内钩、内外组合钩、活齿外钩、老虎嘴等。

4. 打捞小件落物的工具

一把抓、反循环打捞篮、局部反循环打捞篮、磁力打捞器等。

三、穿绳作业

穿绳作业如图 7-1 所示。地面操作人员将游动滑车摆正位置，把提升大绳缠在通井机滚筒上，由一名操作人员（系好安全带）携带引绳沿井架梯子爬上井架顶端天车位置处后，将安全带的保险绳系在天车牢固的位置上。

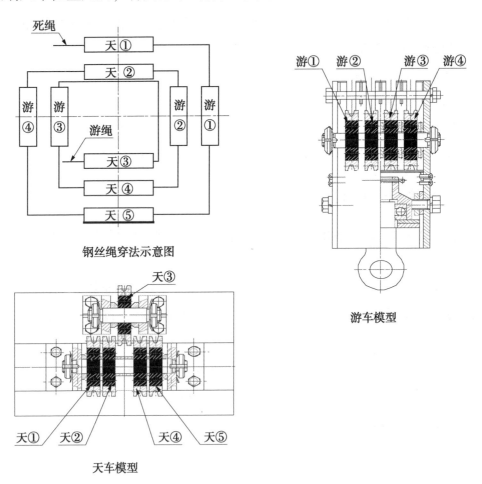

图 7-1 穿绳训练示意图

井架顶端处的操作人员，将引绳从天车滑轮组右边第一个滑轮穿过，使引绳的两端头分别从井架前、后落到地面上，地面操作人员把井架后边的引绳端头与通井机滚筒上的提升大绳端头连接，引绳顺着提升大绳端头环形缠绕五次，用白棕绳捆牢；同时，将井架前引绳端拴在提升大绳端部，地面操作人员缓慢拉动井架前的引绳（通井机操作手同时松开滚筒刹车），将提升大绳拉向井架天车。

提升大绳与引绳连接处到达天车后，天车处的操作人员把提升大绳扶入天车右边第一个滑轮内（快轮），地面操作人员继续拉动引绳，将提升大绳从天车拉向地面，提升大绳端头到达地面后，解开提升大绳上的引绳，再用 1.5m 长的细麻绳与提升大绳端头连接起来，将细麻绳从游动滑车右边第一个滑轮自上而下穿过，拉动细麻绳的另一端使提升大绳进入游动滑车右边第一个滑轮内。

天车上的操作人员调整引绳，使位于井架后的引绳从井架前顺到地面，地面操作人员将后引绳与游动滑车第一个滑轮穿过的提升大绳端头，用环形扣缠绕并用白棕绳坯扎牢，将从天车前顺下的引绳拴在提升大绳的端部，慢拉动前引绳带动提升大绳升向井架天车。

四、铅模打印及描述操作

通过铅模打印及描述分析，确定出鱼顶的位置、深度、形状、状态、套管变形等初步情况，为下步施工提供参考。

1. 施工准备

铅模 1 个，内、外卡钳 1 副，300mm 游标卡尺 1 把，钢直尺 1 把，数码相机 1 个，绘图工具 1 套，自封封井器 1 个，水泥车 1 台。

2. 铅模打印操作步骤

（1）将检查测量合格的铅模，连接在下井的第一根油管底部，下油管 5 根后装上自封封井器；

（2）铅模下至鱼顶以上 5m 左右时，开泵大排量冲洗，排量不小于 500L/min 边冲洗边慢下油管，下放速度不超过 2m/min；

（3）当铅模下至距鱼顶 0.5m 时大排量冲洗鱼顶上面的砂子及脏物后停泵，再以 1.0m/min 以下的速度下放，一次加压打印，一般加压 30kN，特殊情况可适当增减，但增加钻压不能超过 50kN；

（4）起出全部油管（起出铅模前要提前倒下自封封井器），卸下铅模，清洗干净。

3. 铅模描述操作步骤

（1）用照相机拍照铅模，以保留铅模原始印痕；

（2）用1∶1的比例绘制草图详细描述铅模变形情况并存档，以备检查。

4. 技术要求

（1）下铅模前必须将鱼顶冲洗干净，严禁带铅模冲砂；

（2）冲洗打印时，修井液要干净无固体颗粒，经过滤后方可泵入井内；

（3）一个铅模在井内只能加压打印一次，禁止来回两次以上或转动管柱打印；

（4）起带铅模管柱遇卡时，要平稳活动或边洗边活动，严禁猛提猛放；

（5）当套管缩径，破裂，变形时，下铅模打印加压不超过30kN，以防止铅模卡在井内；

（6）若铅模遇阻时，应立即起出检查，找出原因，切勿硬蹾硬砸。

5. 注意事项

（1）操作人员必须穿戴好劳保用；

（2）铅模下井前必须认真检查螺纹，接头及壳体镶装程度；

（3）起下铅模管柱时，要平稳操作，拉力计或指重表要灵活好用，并随时观察拉力计的变化情况，起管柱上提速度不能过快，以防抽汲作用，引起井喷；

（4）起铅模接近井口时，应派专人扶正管柱，缓慢提出，以防将铅模刮坏或刮入井内。

五、起油管操作

起油管操作是井下作业的基础工作之一。

1. 施工准备

修井起重设备1套，液压油管钳1台，吊卡1副，自封封井器1个，防喷器1个，活动扳手2把，管钳2把，小滑车1个。

2. 操作步骤

（1）搭油管桥，油管桥架不少于3个支点，并离地面高度不少于300mm，两端悬空部分不得超过1.5m，油管桥座要平稳牢固；

（2）拆井口，装防喷器，按标准试压合格后，卸顶丝，根据动力提升能力、井架和井下管柱结构的要求，观察拉力表的变化，管柱缓慢提升，提出悬挂器；

（3）井口操作人员分别抓住吊卡的两侧，将吊卡靠在油管本体上，关好吊卡，下放油管，使接箍坐在吊卡上，用管钳把油管螺纹全部卸开后，提出悬挂器；

（4）提出油管一根后，装好自封封井器；

（5）起油管摘吊环时，先将插在吊卡耳朵上的销子拔出来，两名操作人员分别将两只吊环从吊卡的耳朵里拉出来；

（6）随着管柱的减少，逐步加快提升速度；

（7）起出油管单根时，应放在小滑车上，由拉送油管人员将油管按起出顺序排列整齐，每10根一组，摆放在牢固的油管桥上。

3. 技术要求

（1）试提悬挂器必须缓慢提升，如果遇卡，应在设备提升能力、油管安全范围内活动解卡直至悬重正常无卡阻现象，再活动缓慢上提；

（2）井内有大直径工具，提管柱时速度要缓慢，防止由于管柱的抽汲作用造成井喷或出砂；

（3）井筒内修井液应保持长满状态；

（4）严禁在油管上行走或堆放重物；

（5）摘挂吊环和扣吊卡，操作人员动作要一致，严禁挂单吊。

4. 注意事项

（1）操作人员必须穿戴好劳保用品；

（2）拉送油管人员必须站在油管外侧，两腿不得骑跨油管；

（3）井口要有防掉，防喷装置，严防井下落物；

（4）随时观察修井机、井架、绷绳和游动系统的运转情况，发现问题立即停车处理，待正常后才能继续施工；

（5）施工人员各负其责，紧密结合，服从专人指挥，禁止挂单吊环操作，吊卡销子一定要系好保险绳；

（6）施工前必须有防火、防爆措施；

（7）操纵液压钳卸扣时，尾绳两侧不得站人，严禁两人同时操作液压钳；

（8）挂好吊环后，井口操作人员应退至安全位置。

六、下油管操作

下油管操作是井下作业的基础工作之一。

1. 施工准备

修井起重设备1套，液压油管钳1台，吊卡1副，自封封井器1个，防喷器1台，小滑车1个，活动扳手2把。

2. 操作步骤

（1）井口安装防喷器；

（2）拉送油管人员将油管接箍端放在油管枕上，油管外螺纹端放在小滑车上；

(3)井口操作人员将吊卡扣在油管上，吊卡开口朝上挂好吊环，插上销子，指挥操作手操作通井机将油管提起；

(4)油管对正后，用液压油管钳上紧油管螺纹。指挥操作手操作通井机将油管提起，摘去吊卡，将油管下入井内；

(5)油管下至设计井深的最后几根时，下放速度不得超过 5m/min，防止因长度误差蹾弯油管；

(6)油管下完后接上清洗干净的油管悬挂器(装好密封圈)对好井口下入坐稳，再顶上顶丝；

(7)按设计要求安装井口装置。

3. 技术要求

(1)下井油管螺纹必须清洁，连接前要在油管外螺纹均匀涂抹密封脂；

(2)下井油管螺纹不准上偏，必须按规定扭矩上紧；

(3)下大直径工具在通过射孔井段时，下放速度不超过 5m/min，防止卡钻和工具损坏；

(4)油管未下到预定位置遇阻或上提受卡时，应及时分析井下情况，校对各项数据，查明原因及时解决。

4. 注意事项

(1)操作人员必须穿戴好劳保用品；

(2)拉送油管人员必须站在油管外侧，两腿不准骑跨油管；

(3)井口要有防掉、防喷装置，严防井下落物；

(4)随时观察修井机、井架、绷绳和游动系统的运转情况，发现问题立即停车处理，待正常后才能继续施工；

(5)施工人员各负其责紧密配合，服从专人指挥，禁止挂单吊环操作，吊卡销子一定要系好保险绳；

(6)施工前必须有防火、防爆措施；

(7)摘吊环时，井口操作人员应侧身站立。

七、使用可退式捞矛打捞操作

使用可退式捞矛打捞操作是处理井下事故的一种方法。适用于打捞带接头或接箍且鱼顶完好的井下落鱼；当落鱼遇卡无法解卡时，可自由退出。

1. 施工准备

修井起重设备 1 套，可退式捞矛 1 个，水泥车 1 台，高压水龙带 1 条，自封封井器 1 个，液压油管钳 1 台，1m 钢直尺 1 把。

2. 操作步骤

（1）检查可退式捞矛是否与井内落鱼尺寸相匹配，各部件是否完好，卡瓦是否好用，发现问题及时处理；

（2）用钢卷尺测量可退式捞矛各部分的长度并作好记录；

（3）将可退式捞矛下入井内，下5根钻具后装好自封封井器，可退式捞矛下至距鱼顶2m时停止下放；

（4）接管线，开泵正循环冲洗鱼顶。同时，缓慢下放钻具，探鱼顶；

（5）在下探过程中，注意观察钻具悬重变化，当钻具悬重有下降趋势时，停止下放并记录管柱悬重；

（6）右旋并缓慢下放钻具，当悬重下降5kN停止下放，并停泵；

（7）反转钻具2~3圈，缓慢上提打捞管柱，悬重明显上升，可确定落鱼已捞获；

（8）若井内落物重量较轻(1~2根油管)，且不卡，试提时，落鱼是否被捞上，悬重显示不明显。这时，应在旋转管柱的同时，反复上提下放管柱2~3次后再上提管柱；

（9）若捞上落鱼，发现被卡且解卡无效，需退出捞矛时，则利用钻具下击加压，上提管柱至悬重小于原悬重5kN，正转管柱2~3圈；

（10）缓慢上提打捞管柱，将捞矛退出鱼腔后，起出全部管柱(起出工具前应提前倒下自封封井器)。

3. 技术要求

（1）打捞管柱必须上紧扣，防止脱扣；

（2）捞获落鱼后，若落鱼被卡，不能超负荷硬拔；

（3）要缓慢下探鱼顶，加压不能过大；

（4）指重表要灵活好用；

（5）打捞管柱必须丈量清楚，鱼顶深度必须准确；

（6）采用与地层和流体相配伍的修井液，防止污染地层。

4. 注意事项

（1）施工人员必须穿戴好劳保用品；

（2）施工前要仔细检查井架、地锚、大绳、死绳头等；

（3）打捞过程中要有专人指挥，慢提慢放并观察指重表的悬重变化；

（4）打捞过程中，应有相应的安全措施，避免将鱼顶破坏，防止事故复杂化；

（5）下打捞管柱及打捞过程中，要装好自封封井器，防止小件工具落井；

（6）起钻过程中，操作要平稳，防止挂单吊环。

八、使用滑块捞矛打捞操作

使用滑块捞矛打捞是处理井下事故的一种方法，适用于打捞带接头或接箍且鱼顶完好的井下落鱼。

1. 施工准备

修井起重设备1套，滑块捞矛1个，自封封井器1个，300mm游标卡尺1把，2m钢卷尺1把，内外卡钳各1把，安全接头1个。

2. 操作步骤

（1）检查滑块捞矛的矛杆与接箍连接螺纹是否上紧。水眼是否畅通，滑块的挡键是否牢靠；

（2）将滑块滑至斜键1/3处，用游标卡尺测量此位置的直径（该数据应与落鱼内径尺寸相符）；

（3）测量滑块捞矛的长度、接箍外径，绘制下井滑块捞矛的草图；

（4）将滑块捞矛和安全接头接在下井的第一根钻具的尾部，然后下入井内，下5根管柱后装上自封封井器，滑块捞矛下至距鱼顶5~10m处停止下放；

（5）接管线，开泵正循环冲洗鱼顶（带水眼的滑块捞矛）同时缓慢下放钻具，注意观察指重表负荷变化；

（6）当悬重下降有遇阻显示时，加压10~20kN停止下放；

（7）试提判断是否捞上落鱼，判断方法如下：

① 若井内落物重量较轻（1~2根油管），且不卡，试提时，落鱼是否被捞上，悬重显示不明显。这时，应在旋转管柱的同时，反复上提下放管柱2~3次后再上提管柱；

② 若井内落物重量较大，且不卡，试提时，悬重明显上升，可确定落鱼已捞获；

③ 若井内有砂，一般有少部分落鱼插入砂面，则先试提再下放，观察管柱下放位置，如果高于原打捞位置，可确定落鱼已捞获；

④ 若井内落物被卡，试提时，悬重明显上升，活动解卡后，悬重明显下降，这时落鱼已被捞获；

（8）落鱼捞上后上提5~7m刹车，再下放管柱至原打捞位置，检查落鱼是否捞得牢靠，防止起管柱中途落鱼落井；

（9）起出管柱（起出工具前应提前倒下自封封井器），带出落鱼。

3. 技术要求

（1）指重表要灵活好用；

（2）打捞管柱必须丈量清楚。鱼顶深度必须准确；

（3）打捞管柱必须上紧，防止脱扣；

（4）打捞管柱无弯曲、变形，丝扣完好无损；

（5）采用与地层和流体相配伍的修井液，防止污染地层；

（6）工具上部必须接安全接头。

4. 注意事项

（1）施工人员必须穿戴好劳保用品；

（2）施工前要仔细检查井架、绷绳、地锚、大绳、死绳头等部位；

（3）打捞过程中要有专人指挥，慢提慢放并观察指重表的悬重变化；

（4）下打捞管柱及打捞过程中，要装好自封封井器，防止小件工具落井；

（5）起钻过程中，操作要平稳，防止挂单吊环；

（6）打捞过程中，应有相应的安全措施，避免将鱼顶破坏，防止事故复杂化；

（7）管柱遇卡需进行倒扣时，应测出卡点位置，根据卡点深度确定倒扣载荷。

九、使用开窗捞筒打捞操作

开窗捞筒打捞是处理井下事故的一种方法，适用于打捞带接头或接箍且负荷较轻的井下落鱼。

1. 施工准备

修井起重设备1套，400型水泥车1台，开窗捞筒1个，300mm游标卡尺1把，15m钢卷尺1个，管钳2把，液压油管钳1台，内、外卡钳各1把，自封封井器1个。

2. 操作步骤

（1）检查开窗捞筒各部位（接头、簧片、筒体）是否完好牢固；

（2）测量开窗捞筒的内径、外径及长度，并绘制草图；

（3）将开窗捞筒接在下井的第1根油管底部后下入井内，下油管5根后装上自封封井器，开窗捞筒下至距井内鱼顶2~3m时停止下放；

（4）接管线，开泵正循环冲洗鱼顶，同时缓慢旋转下放钻具，注意观察指重表显示的指重变化；

（5）当指重表有遇阻显示时，加压5~10kN，缓慢上提管柱，判断落鱼是否被捞上；

(6) 若已捞上落鱼,则上提管柱并停泵；

(7) 判断落鱼捞上的方法是：

① 若井内落鱼重量很轻,且不卡,则试提时,落鱼是否捞上,拉力表显示不明显。此时应转动管柱,并反复上提下放2~3次后上提管柱。

② 若井内落物重量较大,且不卡,则试提时,拉力表显示上升,则可认为落鱼已被捞上。

③ 若井底为砂面,落鱼一般有少部分插入砂面以下,在此情况下,先上提,再下放,这时从井口观察油管一般不会下放到原打捞位置,则可认为落鱼已被捞上。

④ 若井内落物被卡,则试提时拉力表明显上升,活动解卡后拉力明显下降,此时落鱼已被捞上；

(8) 落鱼捞上后,上提5~7m时刹车,再下放管柱至原打捞位置,检查落鱼是否捞得牢靠,防止起管柱中途落鱼再次落井；

(9) 起出井内管柱及落鱼。

3. 技术要求

(1) 指重表要灵活好用；

(2) 打捞管柱必须上紧、防止脱扣；

(3) 打捞过程中、要有专人指挥,慢提慢放并注意观察指重表读数变化；

(4) 打捞遇卡必须在钻具和落鱼及提升设备允许的情况下进行活动解卡。

4. 注意事项

(1) 施工人员必须穿戴好劳保用品；

(2) 施工前要仔细检查井架、绷绳、地锚、大绳死绳头等部位；

(3) 下打捞管柱及打捞过程中,要装好自封封井器、防止小件工具落井；

(4) 起钻过程中,操作要平稳、防止挂单吊环；

(5) 采用与地层和流体相配伍的修井液,防止污染地层。

第二节 井内的循环作业

一、冲砂操作

由于油层胶结疏松造成油井出砂,堵塞出油通道,使油井减产甚至停产。要恢复油井正常生产,必须进行冲砂作业。

1. 施工准备

作业起重设备1套，400型水泥车1台，13m³循环冲砂池1个，液压油管钳1台，活动弯头2个，120°弯头1个，旋塞阀1个，水龙带2条，自封封井器1个，管钳2把，活动扳手2把，吊卡1副，封井器1台。

2. 操作步骤

（1）将冲砂笔尖接在下井第一根油管底部，并用管钳上紧。下油管5根后，在井口装好自封封井器；

（2）继续下油管至砂面以上10~20m时，缓慢加深油管探砂面，核实砂面深度，探砂面加压不超过10kN，连探2次，误差不超过0.5m，记录砂面位置；

（3）提油管1根，油管顶部必须装旋塞阀，接好冲砂施工管线后，循环洗井，观察水泥车压力表及排量的变化情况，正常后，慢慢加深管柱，同时，用水泥车向井内泵入冲砂液，如有进尺，则以0.5m/min的速度，缓慢均匀加深管柱；

（4）接单根前，要循环洗井10min以上。冲砂施工按步骤3要求冲砂，连续冲砂超过5个单根后要洗井1周，方可继续下冲，直到人工井底或设计深度；

（5）高压自喷井冲砂需控制出口排量，保持与进口平衡，防止井喷；

（6）冲砂至人工井底或设计要求深度后，要充分循环洗井，当出口含砂量小于0.2%时，上起冲砂管柱，至油层顶部30m以上；

（7）停泵4h，下放管柱探砂面，观察是否出砂，若无砂，提出冲砂管柱；

（8）严重漏失井冲砂作业可采用暂堵剂封堵，大排量联泵冲砂，气化液冲砂等方式。

3. 技术要求

（1）冲砂施工必须在压住井的情况下进行；

（2）泵压不得超过管线的安全压力，泵排量与出口排量保持平衡，防止井喷或漏失；

（3）冲砂过程中要缓慢均匀地加深管柱，冲砂工具距砂面20m时，下放速度应小于0.3m/s，以免造成砂堵或憋泵；

（4）有专人观察出口返液情况，发现出口返液不正常，立即停止冲砂施工，迅速上提管柱至原砂面以上30m，并活动管柱；

（5）冲砂液应具有较强的携砂能力，与油层及产出液有良好的配伍性；

（6）用混气水或泡沫冲砂施工时，井口应装高压防喷器，出口必须接硬管线并固定牢；

（7）冲砂地面罐和管线要求清洁无杂物。

4. 注意事项

（1）操作人员必须穿戴好劳保用品；

（2）气井冲砂时特别要注意防火、防爆、防中毒事故；

（3）冲砂前油管提至离砂面3m以上，开泵循环正常后，方可再次下管柱；

（4）冲砂过程中注意中途不可停泵，避免沉砂将管柱卡住或堵塞；

（5）循环系统发生故障，停泵时应将管柱上提至原砂面以上30m，并反复活动；

（6）提升系统发生故障，必须保持正常循环；

（7）出口管线用硬管线连接，用大于120°的弯头，并且每10~15m固定一地锚；

（8）冲砂时，水龙带必须拴保险绳，循环管线不刺不漏，泵车压力不得高于水龙带的安全压力，进出口排量平衡，防止井喷或漏失；

（9）禁止用带封隔器、通井规等大直径工具的管柱冲砂。

二、洗、压井操作

洗、压井是修井施工中最基本、最常用的工序，是其他作业的前提。洗、压井作业的成败，直接影响到施工质量和施工效果。

1. 施工准备

400型水泥车1台，清水和压井液各为井筒容积的1.5~2倍，250mm×30mm活动扳手1把，大榔头1把，600mm管钳1把，压井液密度计、黏度计各1套，13m3循环冲砂池1个。

2. 操作步骤

（1）按施工设计确定压井方式；

（2）按设计要求，检查测量压井液性能（密度、黏度、失水等）和数量（备足井筒容积的1.5~2倍），符合设计要求的压井液才能压井；

（3）放出油、套管内的气体，从井口接好进出、口地面管线；

（4）将水泥车和井口管线连接并将由壬上紧。倒好采油树闸门，对进口管线用清水试压，试压压力为设计工作压力的1.2~1.5倍，5min不刺不漏为合格；

（5）倒好洗井流程，用本区污水循环洗井脱气，洗井过程中控制出口排量；

（6）用压井液循环压井。若遇高压油气井，在压井过程中，控制出口排量，以防止压井液在井筒内被气侵，使压井液密度下降，而造成压井失败，压井液用量为井筒容积的 1.5 倍以上。一般要求在压井结束前测量压井液密度，进出口压井液密度一致时停泵。

3. 技术要求

（1）出口管线连接用硬管线，用大于 120°弯头，并且每 10~15m 固定一地锚；

（2）用压井液压井前，先替入井筒容积 1.5~2 倍的本区污水脱气，进出口液性一致后再泵入压井液；

（3）压井前必须严格检查压井液性能，不符合设计要求的不能使用；

（4）压井时，应尽量加大泵的排量，中途不许停泵，以避免压井液气浸；

（5）挤压井时，不能将压井液挤入地层，造成污染，要求垫隔离液，压井液顶至油层顶界以上 50m；

（6）重复挤压井时，要先将前次挤入井筒的压井液放干净，才能再次进行压井；

（7）压井时，保持进出口排量平衡，这样，一方面避免压井液被气浸，另一方面，又防止出口量小于进口量造成油层污染。

4. 注意事项

（1）操作人员必须穿戴劳保用品；

（2）所有管线连接好后要进行地面试压，试压压力为工作压力的 1.2~1.5 倍；

（3）洗、压井进出口罐必须放置在井口两侧（不同方向）相距井口 30~50m 以外；

（4）水泥车的柴油机排气管必须装防火帽；

（5）压井时，严禁在高压区穿行，如出现刺漏，应停泵放压后再处理，开关闸门应侧身操作；

（6）气井，尤其是含硫化氢气井压井，要特别制订防火、防爆、防中毒措施。

三、一次替喷操作

一次替喷是用低密度压井液置换出井内高密度压井液，降低井底液柱压力的施工方法。一次替喷一般是用清水一次替出井内泥浆，适用于射孔前或低压力、低产量的油气井。

1. 施工准备

修井起重设备 1 套，400 型水泥车 1 台，13m³ 储液池 1 个，SFZ18-35 防喷器1台，管钳2把，液压油管钳1台，450mm×55mm活动扳手1把。

2. 操作步骤

（1）将替喷管柱完成在距人工井底1.5~2m（或油层以下30~50m）处；

（2）装井口，接正替喷管线；

（3）用水泥车大排量向井内正打入清水，替出井内全部压井液；

（4）拆井口，上提油管完成油层中部或油层顶部以上10m左右；

（5）装井口。

3. 技术要求

（1）替喷工作液性能应满足替喷施工质量要求；

（2）替喷过程中，注意观察并记录返出液体的液性及油气显示情况；

（3）准确计量进出口液量；

（4）如果发现泵压逐渐上升，出口排量逐渐增大，并伴随有油花和气泡时要注意防喷；

（5）施工泵压应低于油层吸水压力，排量不低于500L/min，替喷过程不得停泵；

（6）替喷用水量不少于井筒容积的1.5倍；

（7）如果替不通，则应上提油管分段替，严禁硬憋将压井液顶入油层。

4. 注意事项

（1）操作人员必须穿戴好劳保用品；

（2）要先开采油树出口闸门放气，然后再开进口闸门启动泵车循环，除特殊情况外，一律正循环；

（3）要防止造成井喷、着火、中毒或污染事故；

（4）管线用钢质硬管线，进出口必须在井口的两侧，不允许在同一方向，出口用大于120°的弯头，并要求固定牢靠。

四、二次替喷操作

二次替喷是用低密度的压井液先将油层及以下的高密度压井液替换出来，然后上提管柱完成至油层中上部，最后用低密度压井液替换出井内全部高密度压井液，降低井底液柱压力的施工方法。二次替喷的目的是既能达到降低井内液柱压力，又能保证安全上起油管。二次替喷适用于裸眼井、高压油气井。

1. 施工准备

修井起重设备1套，400型水泥车1台，13m^3储液池，SFZ18-35防喷器1台，管钳2把，液压油管钳1台，375mm×46mm和450mm×55mm活动扳手各1把。

2. 操作步骤

（1）下油管完成替喷管柱，若油层口袋较短，长度在100m以内，则将管柱完成距井底1.5~2m的位置，若口袋在100m以上，可将管柱完成在油层底界以下30~50m的位置，装好井口；

（2）接正替喷管线；

（3）开泵向井内正替低密度压井液，同时计量替入量；

（4）用与原井性质一致的压井液将替入的低密度压井液顶替至平衡位置；

（5）观察出口无自喷显示，拆井口；

（6）起油管完成至油层中上部；

（7）装井口，用低密度压井液替换出井内高密度压井液。

3. 技术要求

（1）替喷工作液性能应满足替喷施工质量要求；

（2）准确计量进出口液量；

（3）施工泵压应低于油层吸水启动压力，排量不低于500L/min，替喷要连续进行，中途不能停泵；

（4）拆井口起油管时，要密切关注井口，做好防喷准备工作。

4. 注意事项

（1）操作人员必须穿戴好劳保用品；

（2）进出口管线须用钢质硬管线，必须在井口的两侧，不允许在同一方向，出口用大于120°弯头，并要求牢靠；

（3）要先开出口闸门放气，然后再开进口闸门启动泵车循环。除特殊情况外，一律正循环；

（4）要防止造成井喷、着火、中毒或污染事故。

五、安装抽油井防喷盒操作

防喷盒安装质量关系到井口是否密封，必须按操作标准认真操作。

1. 施工准备

修井起重设备1套，抽油杆吊卡2只，抽油井防喷盒1套，方卡子2个，锯弓1把，管钳2把，活动扳手2把。

2. 操作步骤

（1）卸开抽油井防喷盒的防喷帽，取出上压帽、胶皮盘根及下压帽，按次序排好；

（2）用光杆没有接头的一端，依次穿过抽油井防喷盒各部件；

(3) 用手将穿在光杆上防喷盒的各个部件连接好；

(4) 将抽油杆吊卡卡在光杆上，把光杆提起与下入井内的抽油杆接箍对好，上紧扣，然后上提抽油杆，撤去井口上的抽油杆吊卡，下放光杆使泵内活塞接触泵底；

(5) 将井口与防喷盒各连接部位适当上紧，抽油井安装防喷盒工作结束。

3. 技术要求

用吊卡提光杆时，由于其上部有防喷盒，必须有专人扶起防喷盒，防止将光杆压弯。

4. 注意事项

(1) 操作人员必须穿戴好劳保用品；

(2) 防喷盒多为铸铁件，因此上扣时注意不要过紧，以防挤裂。

第三节　旋转作业

一、套管刮削操作

套管刮削可消除套管内壁水泥、硬蜡、盐垢及射孔毛刺，是修井作业一道重要的工序。

1. 施工准备

修井起重设备1套，300mm游标卡尺1把，自封封井器1个，高压水龙带1条，由壬2副，活动弯头2个，液压油管钳1台，400型水泥车1台，工作液量为井筒容积的1.5~2倍，管钳2把，套管刮削器1个。

2. 操作步骤

(1) 按套管内径选择合适的套管刮削器，检查各部位是否完好套管刮削器是否牢固，测量刮削器的外径及长度，并绘制草图；

(2) 把刮削器接在下井第1根油管底部，上紧扣后下入井内，下油管5根后井口装好自封封井器；

(3) 继续下油管刮削射孔井段以上的套管，液面以上每500m冲洗一次，液面以下每1000m冲洗一次。下油管时要平稳，下管柱速度控制为20~30m/min，下到距离设计要求刮削井段前50m时，控制下放速度5m~10m/min，接近刮削井段并开泵循环正常后，边缓慢顺螺纹紧扣方向旋转管柱，边缓慢下放，然后再上提管柱，反复多次刮削，悬重正常为止；

(4) 刮削到射孔井段顶部后，反循环洗井一周再继续下油管刮削射孔井段的套管。刮削时，边循环洗井边下油管刮削，每下1根油管都要上提下放刮削3次；

（5）若中途遇阻，当悬重下降20~30kN时应停止下管柱。边洗井边旋转管柱反复刮削至悬重正常再继续下管柱，一般刮削到射孔井段以下10m；

（6）刮削完毕要大排量反循环洗井一周以上，将刮削下来的脏物洗出地面；

（7）洗井结束后，起出井内全部刮削管柱。

3. 技术要求

（1）选择适合的套管刮削器；

（2）刮削管柱下放要平稳；

（3）刮削射孔井段时要有专人指挥；

（4）当刮削管柱遇阻时，应逐渐加压，开始加10~20kN，最大加压不得超过30kN。

4. 注意事项

（1）操作人员必须穿戴好劳保用品；

（2）刮削管柱下放要平稳，不得猛提猛放，也不得超负荷上提；

（3）严禁用带刮削器的管柱冲砂；

（4）刮削管柱不得带有其他工具；

（5）下井工具和管柱均应经地面检验合格；

（6）工作液必须与地层岩石和流体相配伍，不污染地层；

（7）排出液不落地，及时回收，不污染环境；

（8）刮削过程中水龙带必须系好保险绳。

二、通井操作训练

将通井规测量好尺寸后，接在下井第一根油管底部，并上紧丝扣，将通井规下入井内，当下入油管5根后，井口装好自封封井器。继续下油管，速度控制为10~20m/min，当通井至距人工井底以上105m左右时，减快下放速度，同时观察拉力计(或指重表)变化情况。若通井遇阻，计算遇阻深度。如探到人工井底则连探三次，然后计算出人工井底深度，起出通井规。

三、测卡点操作

在油水井解卡打捞作业中，处理井下被卡管柱，应首先测出卡点位置，然后才能实施倒扣或切割作业，解除卡钻事故。

1. 施工准备

修井起重设备,1m 长钢直尺,计算器,记录纸,笔。

2. 操作步骤

(1) 检查绷绳、提升大绳、井架等部位是否完好。检查拉力计或指重表是否灵活好用;

(2) 挂上吊环。试提,载荷大于井内管柱悬重 30~60kN;

(3) 上提管柱,当上提负荷比井内管柱悬重略大时停止上提,记录第一次上提拉力,记为 P_a,$P_a=P_1×$有效绳数,P_1 为拉力计读数;

(4) 在与四通法兰(或自封封井器)上平面平齐位置的油管上打第一个标记,作为 A 点;

(5) 继续上提管柱,当上提负荷超过第一次上提拉力 40~80kN 时,停止上提,记录第二次上提拉力,记为 P_b,$P_b=P_2×$有效绳数,P_2 为第二次上提时拉力计读数;

(6) 在与四通法兰(或自封封井器)上平面平齐位置的油管上打第二个标记,作为 B 点;

(7) 用钢直尺测量标记 A 与标记 B 之间的距离,记为 λ_1;

(8) 继续上提管柱,当上提拉力超过第二次上提拉力 20~30kN 时,停止上提,记录第三次上提拉力记为 P_c,$P_c=P_3×$有效绳数,P_3 为第三次上提时拉力计读数;

(9) 在与四通法兰(或自封封井器)上平面平齐位置的油管上打第三个标记,作为 C 点;

(10) 用钢直尺测量标记 A 与标记 C 之间的距离,记为 λ_2;

(11) 继续上提管柱,当上提拉力超过第三次上提拉力 20~30kN 时,停止上提,记录第四次上提拉力,记为 P_d,$P_d=P_4×$有效绳数,P_4 为第四次上提时拉力计读数;

(12) 在与四通法兰(或自封封井器)上平面平齐位置的油管上打第四个标记,作为 D 点;

(13) 用钢直尺测量标记 A 与标记 D 之间的距离,记为 λ_3;

(14) 下放管柱,卸掉提升系统载荷;

(15) 计算三次上提拉伸拉力及三次平均拉伸拉力:第一次上提拉伸拉力 $P'_a=P_b-P_a$(kN),第二次上提拉伸拉力 $P'_b=P_c-P_a$(kN),第三次上提拉伸拉力 $P'_c=P_d-P_a$(kN),平均拉伸拉力 $P=(P'_a+P'_b+P'_c)/3$(kN);

(16) 计算三次上提拉伸的平均油管伸长量:$\lambda=(\lambda_1+\lambda_2+\lambda_3)/3$ 单位:cm;

（17）根据下式确定卡点深度位置：

$$L = K\lambda/P$$

式中 L——卡点深度，m；

λ——油管平均伸长，cm；

P——油管平均上提拉力，kN；

K——计算系数，常用的 ϕ73mm 钻杆取 3800，ϕ89mm 油管取 3750，ϕ73mm 油管取 2450。

3. 技术要求

（1）上提负荷不能超过井架安全负荷和管柱（油管或钻杆）的抗拉强度；

（2）记录的拉力及油管伸长等数据必须准确。

4. 注意事项

（1）施工人员必须穿戴好劳保用品；

（2）测卡点工作前必须检查井架、绷绳、大绳、死绳等部位达到标准要求；

（3）测卡点施工中，操作人员要注意安全，站位必须是安全位置。要指定专人观察绷绳、地锚；

（4）井口要有防掉装置，严防井下落物。

第四部分

油气钻采的HSE

HSE

Health & Safety Environmental

第八章　油气钻采的 HSE

HSE 是健康(Health)、安全(Safety)和环境(Environment)管理体系的简称，HSE 管理体系是将组织实施健康、安全与环境管理的组织机构、职责、做法、程序、过程和资源等要素有机构成的整体，这些要素通过先进、科学、系统的运行模式有机地融合在一起，相互关联、相互作用，形成动态管理体系。本章按照钻井和采油两部分对油气钻采的 HSE 进行详细介绍。

第一节　钻井应急实训

一、硫化氢防护应急实训

1. H_2S 中毒类型划分

(1) 刺激反应。接触 H_2S 后出现流泪、眼刺痛、流涕、咽喉部位有灼热感等刺激症状。

(2) 轻度中毒。有眼胀痛、畏光、咽干、咳嗽，以及轻度头痛、头晕、乏力、恶心等症状。

(3) 中度中毒。有明显的头痛、头晕等症状，出现轻度意识障碍；有明显的粘膜刺激症状，出现咳嗽、胸闷、视力模糊、眼结膜水肿及角膜溃疡等。

(4) 重度中毒。昏迷、呼吸循环衰竭、休克等。

2. 预案的启动

应急工作分为两级：

第一级：在临界浓度(20 mg/m³)以内，有臭蛋气味，H_2S 监测仪报警，钻井队应急小组启动应急预案，并按本预案组织实施。

第二级：超过临界浓度(20 mg/m³)，发生轻度以上 H_2S 中毒时，公司应急指挥中心启动本应急预案，并按本预案组织实施。

二、应急准备

1. 应急物资准备

(1) 各作业区域必须有联络的通讯工具,并必须保持畅通;

(2) 钻台、振动筛、循环罐处设置观测风向的简单装置;

(3) 在含硫油气田作业的钻井队应配备至少10套防毒面具和配套供氧呼吸设备;

(4) 钻台、振动筛处设 H_2S 声光报警系统;

(5) 在含硫油气田作业的钻井队应配备足够的医用氧气和吸氧设备或呼吸器;

(6) 含硫油气田作业的钻井队应配备可使 H_2S 中毒者饮用后产生兴奋的饮料(浓茶或咖啡),干净清洁的水和毛巾。

2. 紧急服务信息

(1) 医疗急救电话120或就近的医疗机构的医疗技术备件;

(2) 指挥组织负责人应清楚含硫油气田施工钻井队的详细地址;

(3) 作业人员应了解井场地形、H_2S 监测仪器放置情况、报警声光特点、风向标位置及安全撤离路线等。

3. H_2S 的性质

(1) H_2S 是一种无色、剧毒、强酸性气体,低浓度的 H_2S 气体有臭鸡蛋味,相对密度1.176,较空气重;

(2) H_2S 安全临界浓度:20 mg/m^3,工作人员可在露天工作8h。

三、应急反应和行动

当钻井队员工发现 H_2S 中毒时,应进行以下应急行动。

1. 应急程序

(1) 硫化氢探测仪一旦报警或闻到臭鸡蛋味,感到有刺激性时,应立即通知司钻,并赶赴报警点发出警报,并通知井队应急小组组长(平台经理);

(2) 司钻立即停止作业,按照"四七动作"实施关井,司钻、内外钳工戴上呼吸器留在井上,其他人员全部撤离到距井口50m以外的上风集合地点,清点人员。井队应急小组组长(平台经理)立即组织应急小组人员奔赴现场,并向公司应急指挥中心汇报;

(3) 公司应急指挥中心人员未到井场时,钻井队应急小组要密切关注事态发展情况，尽可能的采取一些措施，以减慢事态的发展；

（4）公司应急指挥中心现场抢险组、救护组立即赶赴井场，检测硫化氢的含量。井队应急小组及所有人员听从公司应急指挥中心统一指挥；

（5）公司应急指挥中心现场抢险组制定处理措施。若硫化氢含量低于临界浓度（20 mg/m³），可进行循环观察，决定是否恢复生产。若硫化氢含量高于临界浓度（20 mg/m³），则应进行循环压井，并通知外部相关方，做好应急准备；

（6）在循环压井过程，若经过液体除气器排出的硫化氢含量较高，应立即请示公司应急中心领导点火燃烧，以防随风扩散；

（7）根据井口关井套压变化情况、井口及套管鞋处的承压能力，决定采取节流循环压井或放喷，放喷时要对自动点火装置进行检查，确保放喷时点火成功；

（8）若压井效果不明显，有进一步恶化的可能时，通知相关方，组织疏散周围村民。

2. 当钻井队员工遭遇 H_2S 时应做到

（1）迅速逃离现场至安全地带，并向井队值班干部和应急指挥中心报告情况；

（2）应急小组根据情况初步判断中毒级别，若属轻、中度，应立即接受吸氧 30 分钟后，再将伤员送至救助的医疗机构；

（3）同时应急小组组长通知相关人员配戴防毒面具或迅速撤离至安全地带；

（4）若确需在有 H_2S 气体存在的场所继续作业，进出必须清点人数。必须两人以上组成一个小组配戴呼吸器工作，并且至少每隔 20min 撤离至安全地带休息 5min 方能继续工作；

（5）在应急处理时，要以人为本，保证员工和外部人员的生命安全，措施要得力，处理要果断，由井队应急小组或公司应急指挥中心统一指挥，不得盲目行动。

3. 当有人员工发生 H_2S 重度中毒时应做到

（1）迅速报告当班值班干部和应急指挥小组组长，应急小组组长应立即组织人员穿戴好防毒面具或求助相关方将伤员迅速撤离现场，放置在安全地带；

（2）若中毒者能自行进行呼吸，应立刻进行吸氧，并应保持中毒者处于放松状态、保持中毒者的体温，不能乱抬乱背，应将中毒者放于平坦干燥的地方就地抢救，然后将伤员送至救治的医疗机构或求助当地 120 急救中心；

（3）当重度中毒者撤离至安全地带时，已休克、心脏或呼吸已停止时，应立即采取人工呼吸、呼吸器、人工胸外心脏挤压法等方法进行抢救；

（4）防 H_2S 应急工作程序如图 8-1 所示。

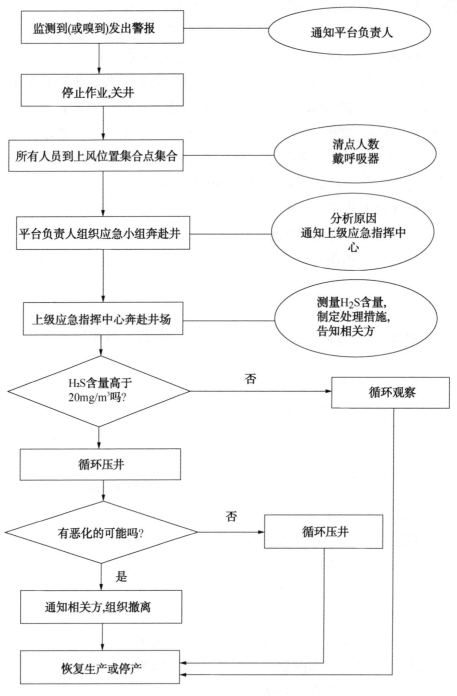

图 8-1 防 H_2S 应急工作程序图

四、溢流、井涌、井喷应急实训

1. 应急反应报警与报告要求

当钻井队发生井喷失控时,钻井队负责人员立即向上级应急指挥中心报告,

报告内容:
① 井喷发生的时间、地点、经过;
② 紧急情况性质;
③ 现场临机采取的应急防范措施;
④ 记录报告人和受话人的姓名、地点、联系方式。

2. 应急行动

(1) 应急指挥中心工作人员立即奔赴出事现场。各成员根据其职责展开应急工作;

(2) 在应急指挥中心各小组到达现场之前,由钻井队平台负责人负责应急处理指挥井控应急小组积极进行抢险、隔离、疏散和警戒等工作,控制灾情进一步扩大;

(3) 应急指挥中心各工作小组到达现场后,井场所有人员听从上级指挥中心的指挥。

3. 事故发生后应采取的工艺技术措施

(1) 当班作业人员一旦发现溢流、井涌、井喷险情,应立即报告当班司钻,司钻按照井控条例,先发出报警信号,井控信号为汽笛长鸣,各岗位听到报警信号后迅速赶赴指定地点,听从司钻的统一指挥,迅速按"四七"动作控制井口,同时场地工立即报告平台经理、工程师和安全官;

(2) 听到报警信号或报告后,应急小组成员迅速赶赴现场,落实关井情况,研究处理措施,营区其他人员迅速到集合地点待命。应急小组组长应及时将情况报告公司调度室、应急小组;

(3) 压井时,当班人员为第一支队,大班和下一班人员为第二支队,在应急小组的统一指挥下,有序地进行压井施工。出、入井场时必须清点人数;

(4) 压井作业前应按规定检测 H_2S 含量,如浓度超标,应采取防中毒措施;

(5) 一旦井喷失控,应急小组要立即指挥停车、停电,杜绝一切火源,组织全体员工撤到安全区域。布置井场警戒,严禁机动车辆和无关人员进入井场;

(6) 通知可能受到威胁的单位和人员撤离危险区,同时向地方有关部门通报情况。

4. 有害物料的潜在危险及应采取的应急措施

(1) 当井喷失控事故时,往往会伴随原油跑冒污染、天然气喷发等事故,此时应对天然气、污油等有害物质进行控制和管理,以避免造成残余物的复燃和污染环境;

(2) 立即组织人员,采取隔断控制,阻止原油在事故现场蔓延;

（3）事故处理时，铁器工具要用棉纱包裹，防止铁器使用撞击产生火花引燃天然气或原油；

（4）在明火扑灭后，要控制汽车排气火星、铁器使用撞击可能产生火花等火源，并立即组织对地面、地沟内原油的清理，并做好污油的回收工作；

（5）对固体有害物质，如被原油污染的沙土、碎布等，要妥善堆放，防止污染环境；

（6）如出现原油大量外溢时，设立警戒区，在做好完备的消防措施之后，立即进行原油的回收工作。

5. 人员的撤离、警戒及危险区隔离、管制计划

当井喷失控事故时，由于原油，天然气喷发存在极大的火灾隐患，此时应采取对事故危险区进行有效的隔离措施。设立警戒线，确定隔离区，阻止非抢险人员进入。

（1）检查所有进入现场的车辆必须带防火帽；检查进入警戒区的人员禁带火种；

（2）派保卫人员负责隔离警戒区，必要时应请求地方政府派出执法机关人员在现场负责；

（3）当使用事故现场的消防器材无法扑灭火势时，应立即通知现场人员撤离危险区。人员撤离时应从安全的撤离路线，有组织地进行撤离；

（4）并做好抢险人员的个人防护工作，确保人身安全；

（5）保证生产物资、人身、财产安全、迁移撤离时的正常秩序和道路畅通；

（6）溢流、井涌、井喷应急工作程序如图 8-2 所示。

五、工伤应急实训

1. 工伤应急程序

（1）井场发生人员伤亡事故，伤者或目击者应立即大声疾呼，发出急救信号，并立即将伤者脱离危险区域，并根据实际情况采取相应的措施进行救护。通知值班干部和平台经理，指挥井队应急小组和职工奔赴现场急救；

（2）井队医务人员和应急小组赶赴现场。立即检查伤情并采取必要的救护，需医院救的要迅速做出决定：是值班车送伤者去医院还是求助 120 来井场救护；

（3）值班车送伤者去医院的同时或拨打 120 时，要向医院或 120 详细通报伤者情况、出事地点、时间，并让医院作好准备；

（4）运送伤员去医院途中，要与井队急救小组时刻保持联系，随时报告伤者的病情和具体位置，同时应急小组还要向高一级医院联系，以便在当地医院

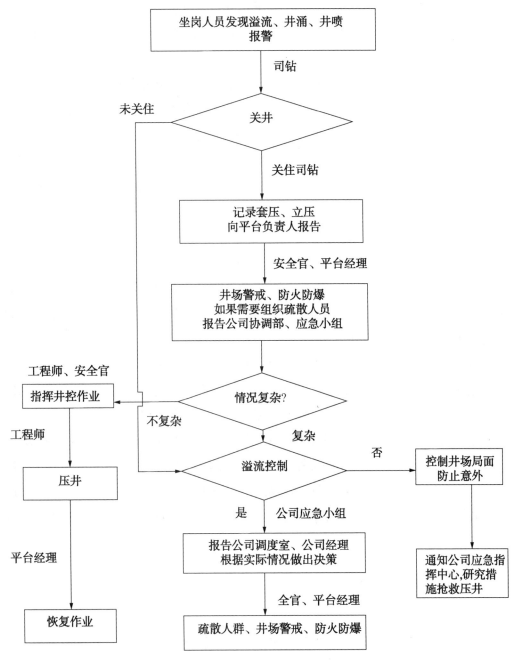

图 8-2 溢流、井涌、井喷应急工作程序图

无法处理时能及时接收处理。

2. 工伤现场急救知识

(1) 人工呼吸急救方法

① 口对口人工呼吸法的要领是：首先使病人仰卧，头部后仰，先吸出口腔的咽喉部分分泌物，以保持呼吸道通畅。急救者蹲于患者一侧，一手托起患者下颌，另一手捏住患者鼻孔，将患者口腔张开，并敷盖纱布，急救者先深吸一

口气，对准患者口腔用力吹入，后迅速抬头，并同时松开双手，听有无回声，如有则表示气道通畅。如此反复进行，每分钟16~20次左右，直到自动呼吸恢复为止。

② 仰卧压胸人工呼吸法的要领是：先将患者衣扣和腰带松开，呈仰卧位，背部垫高，头偏向一侧，呼吸道保持通畅。急救者蹲于患者一侧或跪于患者大腿两侧，面向患者头部，双手手指分开，拇指向内，横放于两侧肋弓上面。两臂伸直，上身前倾，借身体重力推压。

两秒钟后急救者松开双手，上身挺起；经2s后，待患者胸廓自行扩张，空气吸入肺内，如此反复操作，每分钟约16~20次。

(2) 人员烧伤急救方法

① 工伤应急程序如图8-3所示。

② 当衣服着火时，应采水浸、水淋、就地卧倒翻滚等方法。灭火后伤员应立即将衣服脱去，如衣服和皮肤黏在一起，可在救护人员的帮助下把未黏的部分剪去，并对创面进行包扎；

③ 防止休克、感染。为防止伤员休克和创面发生感染，应给伤员口服止痛片和磺胺类药或肌肉注射抗生素，并给口服烧伤饮料或饮淡盐茶水、淡盐水等。一般以多次喝少量为宜，如发生呕吐、腹胀等，应停止口服；

④ 保护创面。在火场，对于烧伤创面一般可不做特殊处理，尽量不要弄破水泡，不能涂龙胆紫一类有色的外用药，以免影响烧伤面深度的判断。为防止创面继续污染，避免加重感染和加深创面，对创面应立即用三角巾、大纱布块、清洁的衣服和被单等，给予简单而确实的包扎。手足被烧伤时，应将各个指、趾分开包扎，以防黏连。

六、火灾应急实训

1. 火灾级别划分

(1) 根据各钻井队及后勤单位工作条件、作业场所状况，将火灾划分三个级别，即一般性火灾，严重性火灾，特大性火灾。

① 一般性火灾。作业场所失火后1min内未能扑灭的火势；

② 严重性火灾。作业场所失火后5min内未能扑灭的火势；

③ 特大性火灾。作业场所失火后10min内未能扑灭的火势；

④ 1min内能扑灭的火势按日常消防管理规定处置。

(2) 预案的启动条件。根据实际情况，应急工作分为两级：

第一级：作业场所发生一般和严重性火灾时，由基层单位按本预案组织实

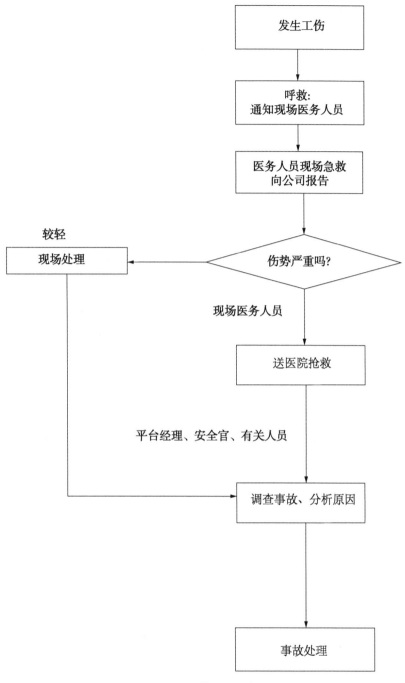

图 8-3 工伤应急程序图

施抢险灭火工作;

第二级:作业场所发生特大性火灾时,由公司应急指挥中心启动本预案,按本预案的组织实施抢险灭火工作。

2. 应急报告的基本程序

(1) 应急报告的内容

①火灾事故发生的时间、地点、经过、原因；

②火灾事故严重程度；

③现场临机采取的应急防范措施；

④救援、求救要求；

⑤报告时限，报告负责人。

（2）应急报告可采取电话、报话机等多种形式；

（3）发生火灾紧急情况，现场负责人必须报公司调度室、保卫科；并在1天内将应急报告报公司保卫科。

3. 应急命令的基本程序

（1）发生紧急情况后，现场应急指挥组组长下达现场应急预案启动命令；

（2）当险情达到人员撤离要求时，由现场应急指挥组组长发布人员撤离命令，并负责组织人员有序撤离；

（3）非现场紧急情况，重大应急命令由公司应急指挥中心指挥以书面或口头形式下达；

（4）应急状态解除令由公司应急指挥中心指挥负责发出。

4. 应急物资

各单位根据规定和相应标准配备灭火器、消防沙、消防水龙带等应急物资、器材，供应站应按计划储备各类灭火物资、器材，以备应急使用。

5. 事故或险情的应急救援方案

（1）施工火灾应急方案

① 现场人员发现火灾灾情后，立即发出火灾警报；

② 应急小组成员立即赶赴火灾现场，应急小组组长根据火情拨打"119"火警电话，说明火情类型、地点、行车路线，同时通知甲方监督；

③ 火灾现场人员应辨明风向，及时转移到上风方向；

④ 施工人员停止其他一切活动，统一由指挥机构安排，根据火灾状况进行临时分工，成立抢救组，后勤保障组等，各小组相互协作配合；

⑤ 参加救援的人员每3人为一组，每组均配备对讲机等通讯设备，并保持信息通畅；

⑥ 根据情况需要，可采用设立隔离带方法灭火；

⑦ 若火势严重超出现场的控制能力，应向公司应急指挥中心汇报，同时采取控制和隔离的方法等候专业消防队员来救火，并安排人员到岔路口指引消防车的行车路线；

⑧ 当火被扑灭后，清理现场，写出火灾事故和险情处理报告。

6. 房屋、设备火灾应急方案

（1）发生火灾，现场人员应及时拨打"119"电话报警，失火房间内人员应及时从最近火灾出口外逃；

（2）电气起火，应立即切断总电源开关；

（3）事故发生后，应急指挥中心应立即投入运作，负责人应迅速到位履行职责；

（4）施工人员停止其他一切活动，统一由指挥安排，根据火灾状况进行临时分工，成立抢救组，后勤保障组等，各小组相互协作配合；

（5）重大火灾爆炸事故应急工作程序如图8-4所示。

七、洪涝灾害应急实训

根据公司的实际上情况，应急工作分为两级：

第一级：钻井队施工现场因雨或其他原因发生轻内涝时，现场立应急指挥小组启动本应急预案，并按本预案组织实施；

第二级：钻井队因大雨、地势、河流发生洪水、严重内涝，公司应急指挥领导小组、应急指挥中心启动本应急预案，并按本预案组织实施。

1. 现场报警与报告要求

当钻井队发生洪涝时，井队队长立即向公司生产协调科汇报，报告内容：

（1）洪涝险情的时间、程度；

（2）紧急情况性质；

（3）现场临机采取的应急防范措施；

（4）记录报告人和受话人的姓名、地点、联系方式。

2. 应急处理程序

（1）钻井队应急程序启动；

（2）钻井队施工现场遇洪水、内涝影响，导致影响正常生产时，钻井队应启动应急程序；

（3）平台负责人向上级应急指挥中心汇报洪涝情况，需要时向甲方报告，听候上级或甲方的指令；

（4）平台负责人向全队职工通报洪涝情况和发展趋势，监视内涝、洪水变化情况，调用防洪物资，安排职工做必要的防洪排涝工作，准备撤离的车辆（船只）、物品；

（5）如达到危险程度，平台负责人向公司应急指挥中心报告并得到批准后，关井停工，将全部职工有序地撤离现场；

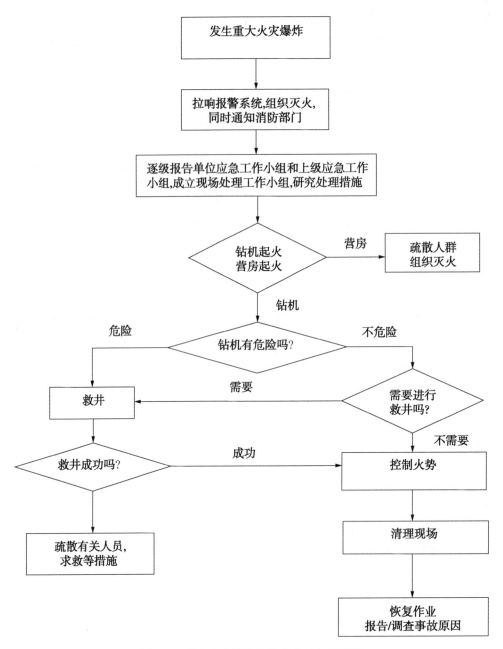

图 8-4 重大火灾爆炸事故应急工作程序图

(6) 如没有达到危险程度则继续采取防洪排涝措施,继续生产,同时严密注视洪涝情况的变化,达到危险程度则关井撤离现场;

(7) 在上级应急指挥小组到达现场之前,由钻井队长负责应急处理指挥,组织抢险,安全员负责有关资料的收集;

(8) 井队人员在钻井队队长的统一指挥下,积极进行抢险、隔离、疏散和警戒等工作;

(9) 上级应急指挥中心的成员到达现场后立即参与洪涝灾害处置工作,听从上级指挥中心的安排；

（10）洪水内涝应急程序如图8-5所示。

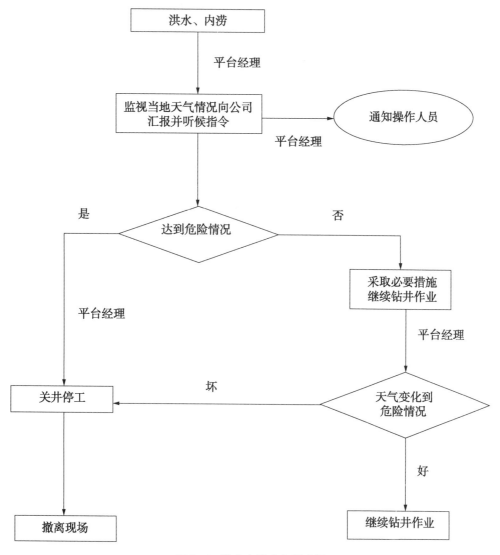

图8-5 洪水内涝应急程序图

八、油料、燃料及其他有毒物质泄漏应急实训

（1）切断泄漏物的源头，杜绝火源(包括断电)；

（2）迅速控制污染，问题严重时，及时报告生产协调部；

（3）消防器材、防护用具准备；

（4）抢修泄露设施或转移泄露物质；

（5）清理受污染场所，彻底消除隐患；

（6）恢复作业，写出事故报告；

(7) 油料、燃料及其他有毒物质泄漏应急流程如图 8-6 所示。

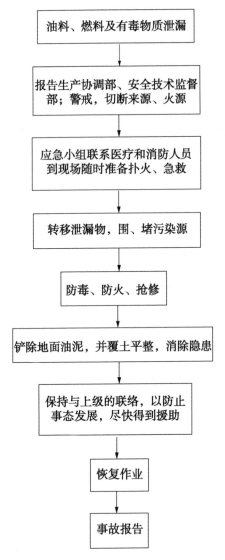

图 8-6 油料、燃料及其他有毒物质泄漏应急流程图

九、现场医疗急救实训

1. 现场医疗急救程序

(1) 发现人员受伤,立即停止致伤作业,观察受伤者情况,立即报告卫生员(中毒则立即将伤者转移至安全地带再急救);

(2) 卫生员到场后根据情况进行急救处理;

(3) 卫生员根据伤情决定是否送往医院急救;

(4) 平台经理根据卫生员的决定,落实车辆、线路、医院、护理人员等;

(5) 平台经理向公司汇报,必要时公司与急救中心联系并采取救援措施;

（6）井队送走伤员后立即查找原因，落实整改或采取防范措施后恢复作业；

（7）提交事故情况及处理报告。

2. 现场医疗急救处理措施

（1）H_2S 中毒急救处理措施

① 迅速将中毒者转移到新鲜空气处，脱离污染区；

② 立即吸氧，有心跳呼吸停止者立即做心肺复苏术；

③ 静脉推注 50% 葡萄糖水加维生素 C (可行时)；

④ 对眼部症状，可用 2% 碳酸氢钠液洗眼或氯霉素眼药水；

⑤ 硫化氢中毒病人现场急救十分重要，切忌盲目转送或过多地扳动病人，以防贻误抢救时机，增加死亡或恶化病情。

（2）CO 中毒急救处理措施

① 脱离环境；

② 吸氧。

（3）电击伤急救处理措施

① 切断电源；

② 如心跳、呼吸停止，可进行口对口呼吸和心脏按压术；

③ 饮糖水；

④ 用调节神经的药物；

⑤ 用镇静药。

（4）昏迷急救处理措施

① 针对病因治疗；

② 支持疗法，即维持呼吸道通畅，建立输液通道，纠正酸碱失衡，维持血液系统正常；

③ 苏醒剂的应用。

（5）休克急救处理措施

① 平卧稍抬高下肢，给予吸氧、保暖；

② 针对病因治疗；

③ 支持疗法。

（6）骨折急救处理措施

① 固定伤肢（用三角巾、绷带、急救包、木板夹、担架）；

② 开放性骨折如有出血，先止血后应用无菌纱布或干净布覆盖伤口，并加以包扎后再固定；

③ 应用止痛剂。

（7）烧烫伤、酸、碱和化学品灼伤急救处理措施

① 脱离致伤场所（灭掉伤员身上的火），若是酸、碱等化学品所致的伤，应用清水长时间清洗；

② 必要时止痛、镇静；

③ 纠正休克；

④ 纠正脱水。

（8）溺水急救处理措施

① 迅速将溺水者营救出水，清除呼吸道异物，用开口器开口；

② 根据情况进行倒水处理；

③ 人工呼吸与胸外心脏按压同时进行；

④ 应用有关急救药物。

（9）食物中毒急救处理措施

① 催吐、洗胃、导泻；

② 针对病因治疗；

③ 纠正电解质与酸碱平衡紊乱。

（10）药物过敏急救处理措施

① 肾上腺素 1mL 皮下注射；

② 氟美松 10mL 皮下注射；

③ 输液；

④ 吸氧。

（11）急性传染病处理措施

① 立即对病人进行隔离；

② 对症处理；

③ 对现场进行消毒。

（12）高温中暑急救处理措施

① 离开高热环境，到通风良好和阴凉的地方休息；

② 降温；

③ 纠正水、电解质与酸碱紊乱。

十、突发性污染事故处理应急实训

1. 应急工作小组职责

（1）项目组应急工作小组职责

① 收集生产运行情况，掌握险情发生情况，及时向有关领导汇报，确定险情对策，并向相关单位和部门通报；

② 负责应急处理时的应急力量、应急物资的调配；

③ 经常指导和检查基层单位应急工作小组的工作，审定应急工作计划。

(2) 应急工作小组职责

① 发生重大环境污染事故时，应急小组应在 2h 内向上级应急指挥中心汇报，并根据现场实际情况作出应急处理；

② 发生一般环境污染事故时，应急小组应采取有效措施进行及时的处理，并将处理情况在八小时内向上级应急指挥中心汇报。

2. 紧急报告程序

一旦发生紧急情况，按顺序报告：司钻→值班干部→平台经理→上级应急指挥中心。

3. 应急行动报告内容

(1) 平台经理一旦收到紧急情况报告，必须：

① 采取现场一切可能的手段控制紧急情况；

② 立即报告项目组应急工作小组；

③ 项目组应急工作小组接到紧急情况，要详细记录，同时以最快速度组织指挥处理。

(2) 记录内容

① 紧急情况发生的时间、地点、经过；

② 紧急情况性质；

③ 最近的路线；

④ 记录报告人和受话人的姓名。

4. 紧急情况下的处理

(1) 如遇特大暴雨、洪灾，在污水池、泥浆池容不下的情况下，应将污水回收到备用罐内，待道路畅通时送至污水站，井队能利用时尽量利用；

(2) 如发生井喷事故，最大可能的控制污染，在井场四周修筑半米高的防护墙，以防止油污外流；

(3) 污染控制后，应以最快速度恢复原貌，减少污染的程度。

第二节 采油应急实训

一、换抽油机井光杆应急实训

1. 风险识别

(1) 换光杆时，易造成井口跑油，容易导致环境污染和引起火灾；

（2）停机后不断开空气开关，不将转换开关拨到手动位置，不拉紧刹车，易导致抽油机自启或平衡地块没落伤人；

（3）倒流开关闸门不侧身，易出现丝杠或手轮脱出伤人；

（4）光杆卡子打不紧易出现光杆脱落伤人，打卡子时手抓光杆易伤人；

（5）吊车吊光杆不平稳易伤人；

（6）启机时不检查周围有无障碍易伤人，不点启易烧电机；

2. 预防措施

（1）换光杆施工前，先倒热洗流程进行压井；

（2）停机前，将转换开关拨到手动位置；停机后，立即拉下空气开关，拉紧刹车，并用锁块将刹车锁死；

（3）倒流程要平稳操作，开关闸门要侧身；

（4）光杆卡子要打紧，打卡子时严禁手抓光杆；

（5）吊车吊光杆时一定要缓慢平稳；

（6）启机时要确认非安全范围内无人及障碍物，再点启动机；

（7）换杆过程中产生的污油要收集到安全的地方，防止发生污染。

3. 应急措施

（1）发生人身伤害事故时，紧急启动应急程序，人员受伤立即送医院抢救；

（2）设备损坏及时报请上级进行抢修。

二、换抽油机并联组皮带应急实训

1. 风险识别

（1）停机后不断空气开关，不将转换开关拨到手动位置，不拉紧刹车，易导致抽油机自启或平衡块滑落伤人；

（2）松电机固定螺丝时，推扳手易伤人；

（3）用撬杠移动电机时易滑脱伤人；

（4）更换皮带时手抓皮带或带手套易造成手指卷入皮带轮；

（5）启机时不检查周围有无障碍物易伤人，不点启易烧电机。

2. 预防措施

（1）停机前，将转换开关拨到手动位置，停机后，立即拉下空气开关，拉紧刹车，并用锁块将刹车锁死；

（2）使用活动扳手时按规定进行，严禁推扳手；

（3）按规程使用撬杠，平衡操作；

（4）操作时禁止手抓皮带和带手套操作；

(5) 启机时要确认非安全范围内无人及障碍物，再点动启机。

3. 应急措施

(1) 发生人身伤害事故时，紧急启动应急程序，人员受伤立即送医院抢救；

(2) 设备损坏及时报请上级进行抢修。

三、抽油机井调整防冲距应急实训

1. 风险识别

(1) 停机后不断开空气开关，不将转换开关拨到手动位置，不拉紧刹车，就容易导致抽油机自启或平衡块滑落伤人；

(2) 方卡子打不紧，卸载时，易出现光杆下滑伤人；

(3) 打卡子操作过程中，手抓光杆易伤人；

(4) 松刹车配合不协调，易造成操作人员挤伤手；

(5) 扳手使用不正确，易打滑、脱手伤人；

(6) 防冲距调整不合适，易出现碰泵现象，导致杆断及毛辫子损坏；

(7) 启机时不检查周围有无障碍物易伤人，不点启易烧电机。

2. 预防措施

(1) 停机前，将转换开关拨到手动位置，停机后，立即拉下空气开关，拉紧刹车，并用锁块将刹车锁死；

(2) 方卡子要打紧，打卡子时严禁手抓光杆；

(3) 松刹车前要先确认其他人员已离开井口，再缓慢平稳松开刹车；

(4) 操作过程中要正确使用扳手，严禁推扳手；

(5) 防冲距调整要符合要求，做到不刮不碰；

(6) 启机时要确认非安全范围内无人及障碍物，再点动启机。

3. 应急措施

(1) 发生人身伤害事故时，紧急启动应急程序，人员受伤后立即送医院抢救；

(2) 设备损坏及时报请上级进行抢修。

四、换抽油机井曲柄销子应急实训

1. 风险识别

(1) 停机后不断开空气开关，不将转换开并拨到手动位置，不拉紧刹车，易导致抽油机自启或平衡块滑落伤人；

(2) 方卡子打不紧，卸载时易出现光杆下滑伤人；

(3) 打卡子操作过程中，手抓光杆易伤手；

(4) 刹车失灵，易造成抽油机非正常运转伤人；

(5) 使用工具不当或带手套使用大锤，易出现工具滑脱伤人或设备损坏；

(6) 不画防松线，不能及时发现曲柄销子松动，易导致机械事故；

(7) 松刹车过猛，易导致悬绳器损坏；

(8) 启机时不检查周围有无障碍物易伤人，不点启易烧电机。

2. 预防措施

(1) 停机前，将转换开关拨到手动位置；停机后，立即拉下空气开关，拉紧刹车，并用锁块将刹车锁死；

(2) 方卡子要打紧，打卡子时严禁手抓光杆；

(3) 操作过程中要正确使用工具，严禁带手套使用大锤；

(4) 换完曲柄销子后，用红漆在曲柄销轴头与冕形螺帽的备帽处画好防松线；

(5) 松刹车前要先确认其他人员已离开井口，再缓慢平稳松开刹车；

(6) 启机时要确认非安全范围内无人及障碍物，再点动启机。

3. 应急措施

(1) 发生人身伤害事故时，紧急启动应急程序，人员受伤立即送医院抢救；

(2) 设备损坏及时报请上级进行抢修。

五、更换计量分离器玻璃管应急实训

1. 风险识别

(1) 割玻璃管时易伤手；

(2) 关阀门顺序错，易造成憋压导致玻璃管爆裂；

(3) 使用扳手不规范，易碰伤手及击碎玻璃管；

(4) 安装玻璃管时不垂直，紧压帽时易挤碎玻璃管；

(5) 加入密封填料时，操作不当易导致玻璃管破碎伤人；

(6) 装完玻璃管后不试压，量油时易导致刺漏伤人和污染环境。

2. 预防措施

(1) 割玻璃管时要规范操作，避免伤手；

(2) 操作时必须先关下流阀门，再关上流阀门；

(3) 正确使用扳手，要缓慢、平稳操作；

(4) 安装玻璃管一定要垂直、平稳操作；

(5) 加密封填料时要均匀加入，防止挤碎下班玻璃管；

（6）装完玻璃管后要试压，确保不渗不漏后关闭上流阀门。

3. 应急措施

（1）发生人身伤害事故时，紧急启动应急程序，人没受伤立即送医院抢救；

（2）设备损坏及时报请上级进行抢修。

六、注水井洗井应急实训

1. 风险识别

（1）洗井方案不合理，易造成管柱损坏；

（2）倒流程未按操作规程，易造成人身伤害和环境污染；

（3）流程及阀门的有刺漏，晚造成人身伤害和环境污染。

2. 预防措施

（1）洗井前要根据管柱及注水方式，确定合理的洗井方案；

（2）严格按开关阀门的操作规程进行操作；

（3）操作前，严格检查井口流程及阀门，确认无刺漏后再操作。

3. 应急措施

（1）发生人生伤害事故时，经济启动应急程序，人员受伤立即送往医院抢救；

（2）设备损坏应及时报请上级进行抢修。

七、加闸板密封填料应急实训

1. 风险识别

（1）开关阀门不侧身，丝杠或手轮易脱出伤人；

（2）未放净管线内压力，易刺漏伤人；

（3）推扳手易打滑伤人；

（4）压盖固定不牢靠，掉落易伤人；

（5）使用刀具不正确，易伤人；

（6）加填料切口为错开，生产时造成刺漏伤人；

（7）螺栓未均匀上好，生产时易造成刺漏伤人；

（8）更换后不试压，开阀门易刺漏伤人并污染环境。

2. 预防措施

（1）开关阀门时一定要侧身，手臂禁止超过丝杠，操作时要平稳缓慢；

（2）将管线内压力放净后再进行操作；

（3）操作时严禁手推扳手；

（4）将压盖固定牢靠；

（5）严格按刀具使用规程进行操作；

（6）加填料每段之间的切口要错开 120°~180°；

（7）螺栓应均匀对称上好；

（8）更换完毕，试压不渗不漏后，侧身缓慢开阀门倒流程。

3. 应急措施

（1）发生人生伤害事故时，经济启动应急程序，人员受伤立即送往医院抢救；

（2）设备损坏应及时报请上级进行抢修。

八、电器设备更换应急实训

1. 风险识别

（1）不使用绝缘工用具易触电；

（2）操作前不验电易发生触电事故；

（3）操作触动按钮及分、合开关不侧身易发生弧光伤人，损坏设备；

（4）操作时不站在绝缘垫上易发生触电伤人。

2. 预防措施

（1）按规定使用绝缘工用具，并在操作时有专人监护；

（2）操作前要严格按规定进行验电，确认不漏电后再进行操作；

（3）操作触电按钮及分、合空气开关时一定要侧身；

（4）操作时应站在绝缘垫上。

3. 应急措施

（1）发生人生伤害事故时，经济启动应急程序，人员受伤立即送往医院抢救；

（2）设备损坏应及时报请上级进行抢修。

九、事故应急流程

（1）事故应急报警。当事故第一目击人发现事故后，应立即向队部或信息站报警(简要说清什么事故，位置、有无人员伤亡)，接到报警后，及时向主管部门汇报，同事安排临近部分赶往现场救援，并根据事故现场变化，及时求助外援。

（2）事故应急总指挥。全面负责事故的处理及救援工作，控制、减缓紧急情况，决策救援方案，识别危险物质及存在的潜在危险隐患，保障救援行动人员的人身安全，负责处理事故现场全面工。

（3）事故应急副总指挥。协助总指挥对事故现场进行分析，及时了解事故现场变化并拿出合理救援方案，控制事故现场恶性变化，几十项总指挥汇报事故发展及处理情况，负责事故现场自救及协调外援单位进行补救。

（4）现场指挥。负责指挥应急小组对事故进行自救，及时了解掌握事故现场变化，合理部署，尽量做到人尽其能、物尽其用，是事故损失降低到最低程度，并做好事故自救中的请示汇报工作(在接到报警后必须在3min内组织好各应急小组，清点人数后作简短的安全救援讲话，即组织进行补救)。

（5）应急救援小组。根据事故现场变化，分组进行救援处理，各组发挥各自职能，及时求助外援，外援求助应当以当地政府为核心，同时请求厂消防、包围及相关科室进行援助，当地政府在接到求援后应在10min内组织人员赶到现场，厂消防队保卫等相关部门赶到现场时间不可超过20min。

参 考 文 献

[1] 张琪.采油工程原理与设计[M].东营:中国石油大学出版社,2000
[2] 大庆油田有限责任公司[M].井下作业工.北京:石油工业出版社,2014
[3] 李玉星,冯叔初.油气水多相管流[M].青岛:中国石油大学出版社,2011
[4] 中国石油天然气集团公司安全环保部.石油钻井工安全手册[M].北京:石油工业出版社,2009
[5] 陈廷根.钻井工程理论与技术[M].东营:石油大学出版社,2000.
[6] 蒋希文.钻井事故及复杂情况[M].北京:石油工业出版社,2002.
[7] 治意识培养与提高精解手册[M].北京:石油工业出版社,2015
[8] 郑社教.石油 HSE 管理教程[M].北京:石油工业出版社,2008
[9] 谷凤贤,刘桂和,周金葵.钻井作业[M].北京:石油工业出版社,2011
[10] 陈涛平.石油工程[M].第 2 版.北京:石油工业出版社,2011.
[11] 潘一.油气开采工程[M].北京:中国石化出版社,2014
[12] 潘一.钻井工程[M].北京:中国石化出版社,2015
[13] 中国石油天然气总公司劳资局.井下作业工具工[M].北京:石油工业出版社,1998
[14] 吕瑞典.油气开采井下作业及工具[M].北京:石油工业出版社,2008.
[15] 中国石油辽河油田公司.采油工[M].北京:石油工业出版社,2014
[16] 中国石油辽河油田公司.井下作业工[M].北京:石油工业出版社,2014
[17] 吴国云,罗晓惠.石油工程生产实习教程[M].北京:石油工业出版社,2015
[18] 大庆油田有限责任公司.石油钻井工[M].北京:石油工业出版社,2013
[19] 张继红,李士斌,冯福平.石油工程生产实习指导书[M].北京:石油工业出版社,2014
[20] 《新常态下石油员工 HSE 法治意识培养与提高精解手册》编写组.新常态下石油员工 HSE 法治意识培养与提高精解手册[M].北京:石油工业出版社,2014